经典原创军事科普丛书

一本书看懂
枪械百年史

从无烟火药到理想单兵战斗武器

王　洋　等编著

《一本书看懂枪械百年史：从无烟火药到理想单兵战斗武器》以时间、技术和设计理念为线索，全面梳理了枪械的百年发展历程，同时选取了勒贝尔1886、Stg44、AK47和M16等经典枪械，从研发背景和性能特点的角度，深入剖析了影响枪械发展的环境和技术因素。

本书打破了传统枪械科普读物的写作逻辑，力求以系统、简明、易懂的方式，帮助枪械爱好者领悟枪械的百年进化动因，构建起对枪械的科学认知体系，成为真正懂枪的人。

图书在版编目（CIP）数据

一本书看懂枪械百年史：从无烟火药到理想单兵战斗武器 / 王洋等编著．—北京：机械工业出版社，2019.9（2024.3 重印）
（经典原创军事科普丛书）
ISBN 978-7-111-63515-4

Ⅰ．①一…　Ⅱ．①王…　Ⅲ．①枪械－军事技术－技术史－世界
Ⅳ．① E922.1-091

中国版本图书馆 CIP 数据核字 (2019) 第 180378 号

机械工业出版社（北京市百万庄大街 22 号　邮政编码 100037）
策划编辑：孟　阳　责任编辑：孟　阳
责任校对：朱继文　封面设计：邵文驰
责任印制：张　博
北京利丰雅高长城印刷有限公司印刷
2024 年 3 月第 1 版第 10 次印刷
169mm × 239mm ・12.5 印张 ・251 千字
标准书号：ISBN 978-7-111-63515-4
定价：79.90 元

电话服务	网络服务
客服电话：010-88361066	机　工　官　网：www.cmpbook.com
010-88379833	机　工　官　博：weibo.com/cmp1952
010-68326294	金　　书　　网：www.golden-book.com
封底无防伪标均为盗版	机工教育服务网：www.cmpedu.com

前 言

我自幼酷爱军事。中学时代，大多数同学都热衷于看小说、看漫画，而我却“沉迷”于各类军事杂志不能自拔。在如愿考入中北大学枪械专业后，我系统学习了枪械原理和构造，亲手拆解了数十款各国名枪，对枪械的爱也变得越发“深沉”。大学毕业后，我毫不犹豫地选择考入我国枪械专业的最高学府——南京理工大学继续深造，目前正在攻读兵器科学与技术专业枪械方向博士学位，同时参与了一些科研项目。时光荏苒，对枪械的爱渐渐融入了我生活的一点一滴，通过杂志、论坛和贴吧，在学习交流枪械知识的过程中，我结识了很多志同道合的朋友。

特殊的经历使我对枪械的爱和感悟不同于普通爱好者。如今，站在一个“从业者”的视角，我发现那些陪伴自己成长的国内枪械科普读物，大都存在一定的系统性、逻辑性问题：千篇一律的“百科＋图鉴”，着力于罗列浩如烟海的枪械型号和参数，却鲜有对历史背景的梳理剖析，鲜有对技术发展逻辑的归纳总结，更遑论对设计理念得失的“肺腑之言”。这在一定程度上导致很多爱好者对枪械的认知陷入了“碎片化、表面化、片面化”的状态——“先进”“可靠”“威力大”等名词成了爱好者们日常交流中的“口头禅”。

然而，这些名词大都是“果”，而非“因”，将它们烂熟于心并不能让你知其所以然。要想不被鱼目混珠的信息源所误导，成为一个真正懂枪的人，就必须了解枪械发展的内在逻辑。在《一本书看懂枪械百年史：从无烟火药到理想单兵战斗武器》中，我将结合自己的所学所思，梳理一百余年来的数十款经典枪械，分析它们的诞生背景、设计理念、技术原理及结构特点，将它们的“成功之匙”以相对系统、简明、易懂的方式呈现给你，为你打开一扇枪械认知的新窗。

本书的第一条线索是时间。第1章，随着无烟火药枪弹的问世与成熟，世界各国开启了一轮革命性的枪械换代大潮。第2章，自动武器的井喷式发展，打破了战场上机动与火力的平衡。第3章，战机、坦克等大型机动火力平台极大压缩了枪械的“生存空间”，使枪械逐渐走向了廉价化和通用化。第4章，枪械进入突击步枪时代，小口径枪弹引领了迄今为止的最后一次枪械换代大潮。第5章，枪械的发展轨迹逐渐脱离“设计预期”，涌现出一批反常规的“新势力”。第6章，面对举步维艰的境地，枪械设计思维的改变将开辟新的发展路径。

本书的第二条线索是技术。无烟火药推动了枪械的技术迭代，使以机枪为代表的自动武器走向实用化。受制于士兵的体能极限，单兵自动武器陷入了连发可控性差的“深渊”，进而催生了冲锋枪等“应急色彩”浓厚的自动武器。中间威力枪弹以牺牲威力为代价换来了连发可控性，进而将突击步枪推上战争舞台。小口径枪弹以“轻弹头＋高初速”的技术理念，使突击步枪一统天下。以理想单兵战斗武器（OICW）为代表的面向未来的枪械，又一次在“士兵体能天花板”的限制下，徘徊在全面实用化的大门外。

本书的第三条线索是设计理念。传统的枪械设计遵循“自上而下”＋“技术为先”的理念，自勒贝尔1886到M16莫不如是。但随着枪械战场地位的下降，以及士兵体能极限问题的突显，传统设计理念逐渐走入了死局。以GLOCK手枪为代表的、遵循“自下而上”＋“用户为先”设计理念的枪械开始大放异彩，在引领枪械技术发展上扮演了核心角色。

我相信，本书将为厌倦了“百科＋图鉴”式读物的你，开启一次不同寻常的“爱枪之旅”，构建起对枪械的全新认知体系。

参与本书编写的有王洋、李晓辉、刘恒沙、郑鹏飞、曾明超、牟奥敏、信通、卢天鸣、郭胜、唐刘建、孟令森、曹炜、杨宇召、薛本源、王国强、郝双鹏、任冬冬、王文杰、李宏飞和赵奂强。

目　录

前言

引言　漫漫长路——前无烟火药时代　/1

第1章　无烟火药浪潮来袭　/9

1.1　无烟火药时代的开创者——勒贝尔 1886 步枪　/10

1.2　现代枪械的定型者——1888 式与 1898 式步枪　/14

1.3　19 世纪末至 20 世纪初的无烟火药步枪　/20

1.4　黎明前的黑暗——枪械发展的崎岖路　/26

第2章 自动武器的爆发 /29

2.1 开创“自动”时代
——马克沁与马克沁机枪 /30
2.2 火力与机动的缠斗
——烂在堑壕中的战争 /36
2.3 转轮终结者
——M1911 手枪 /39
2.4 打破堑壕的努力
——MP18 冲锋枪 /46
2.5 第一次世界大战中的经典枪械 /53

第3章 廉价化与通用化 /63

3.1 生不逢时的理想单兵战斗武器
——费德洛夫 M1916 自动步枪 /64
3.2 精于心简于形
——MG34/42 通用机枪 /68
3.3 成熟的标志
——廉价化的冲锋枪 /75
3.4 自上而下的杰作
——Stg44 突击步枪 /83
3.5 第二次世界大战中的经典枪械 /91

第4章 小口径突击步枪时代 /113

4.1 真“经典”与假“粗糙”
——永恒的 AK47 /114
4.2 标准化下的无奈
——三大 7.62mmNATO 弹自动步枪 /121
4.3 不止是小口径
——航空技术成就的 M16 /127
4.4 发展使然
——小口径枪弹的光辉与宿命 /134
4.5 反应迟缓
——欧亚诸国的小口径之路 /140

第5章　盛世假象　/151

5.1　黯然收场的领先者
——PKM 机枪　/152

5.2　墙外花香的弄潮儿
——MP5 冲锋枪　/158

5.3　自下而上的新势力
——GLOCK 手枪　/162

第6章　何去何从　/169

6.1　光环下的迷茫
——理想单兵战斗武器（OICW）的瓶颈　/170

6.2　HK416 中标的背后
——对模块化步枪的思考　/176

6.3　启迪未来 or 昙花一现
——新兴枪弹的今天与明天　/183

引 言

漫漫长路——前无烟火药时代

“这是我的步枪，尽管和它相似的步枪还有很多，但这支步枪是属于我的。我的步枪是我最好的朋友，它是我的生命，我必须像爱惜自己的生命一样爱惜它。如果没有我，我的步枪一点用也没有。而如果没有这支步枪，我也一无是处。”

——美国海军陆战队《步枪手信条》

枪是士兵的身份象征，更是士兵的第二生命。自无烟火药诞生始，到今天的理想单兵战斗武器，在短短的百余年间，枪械走过了一段异彩纷呈的飞速发展历程，实现了精度可控的自动化和具有实战价值的电子化。

而在无烟火药诞生前的近八个世纪中，从黑火药的稳定制备，到枪身外形制式的同一化，再到枪弹的标准化和通用化，枪械的发展历程显得异常艰辛而漫长。

蹒跚学步：火门枪与火绳枪

早在隋唐时期，我国就发明了火药。宋仁宗庆历四年（1044 年），《武经总要》等书籍中出现了目前已知最早的火药配方。南宋时期，火药又随蒙古大军的西征而远传欧洲。这一时期，火药真正具备了杀伤力并开始投入战争，而中国战场上出现的竹质管状火器，则悄然翻开了人类武器发展史的新篇章。随后出现的金属质管状火器进一步奠定了枪械的雏形。

▲ 唐代莫高窟壁画《降魔成道图》（局部）中出现了手持火器的魔鬼

但由于使用不便且威力一般，早期的管状火器根本无法撼动冷兵器的地位。此时，多数火器都以“炮”的形式出现，“枪”在武器家族中扮演着纯粹的龙套角色。

▲ 明代的“三眼神铳”是火门枪的代表，其传火孔（红圈处）高高耸立。大部分火门枪体积小、枪管短且射程近

大概 13 世纪到 15 世纪初，欧洲出现了火门枪。但所谓的火门枪，在形制上仍与现代枪械相差甚远：在一根金属制成的发射管中装填好火药和弹丸，再把一些炙热的物体（通常是热金属丝）塞到发射管上的火门（传火孔）中，以此点燃火药，击发弹丸。

显然，这种点火方式是极不可靠的。一方面，金属丝温度不合适就无法点燃火药，遇到雨雪天气更是难堪。另一方面，塞金属丝的技术要求很高，并不是人人都能胜任。而更要命的是，击发动作太复杂，导致射手很难一边点火（塞金属丝），一边瞄准。正是因为几乎无法进行有效瞄准，火门枪的身管普遍较短，射程十分有限。而少数具有长身管的火门枪，则通常

体积巨大，需要两人操作（一人抬枪，另一人点火）才能有效射击，机动性和实用性都很差。

这一时期，困扰枪械发展的另一个主要问题是火药。传统的黑火药是按照“一硫二硝三炭”的摩尔比例混合而成的，充其量只能算搅拌物或混合物，物理和化学性质都不稳定，不仅蓬松易受潮，还难以进行长途运输（由于密度不同，配料多半会在颠簸中自行分离）。对枪械而言，这样的“口粮”显然是极不可靠的。

▲ 一支早期火绳枪的击发机构，其底火药药池（白圈处）装有一个用于密封防潮的旋转盖，很有特色

大约在15世纪初期，欧洲的一些火药制造者为黑火药引入了一剂“重口味调料”——尿！这就是所谓的湿法火药混合工艺。这种方法用尿液（含硝酸盐）将火药原料制成糊状。当糊状物风干变硬时，再将其研磨成细小的颗粒。由此制成的每一粒火药成分都比较稳定。“口粮”问题得到了初步缓解，枪械终于有机会在战争舞台上与冷兵器一较高下。

15世纪70年代左右，火绳枪出现了。得益于化学技术的进步，人们发明了火绳——一种在化学溶剂中浸泡过的绳子，它能缓慢燃烧，而且燃烧过程比较稳定，远好过热金属丝。火绳枪所使用的火绳机构与鱼竿相似：一根杠杆的一端装有火绳（相当于导火线），射手用拇指压下杠杆的另一端时，装有火绳的一端就会下降，像蜻蜓点水一样，点燃药池内的底火药，底火药产生的火星会沿着传火孔进入枪管，进而引燃发射药，击发弹丸。此外，位于枪管下方、可用手指扣动的杠杆，正是现代枪械扳机的雏形，而扳机置于枪管下方的布置形式也一直沿用至今。

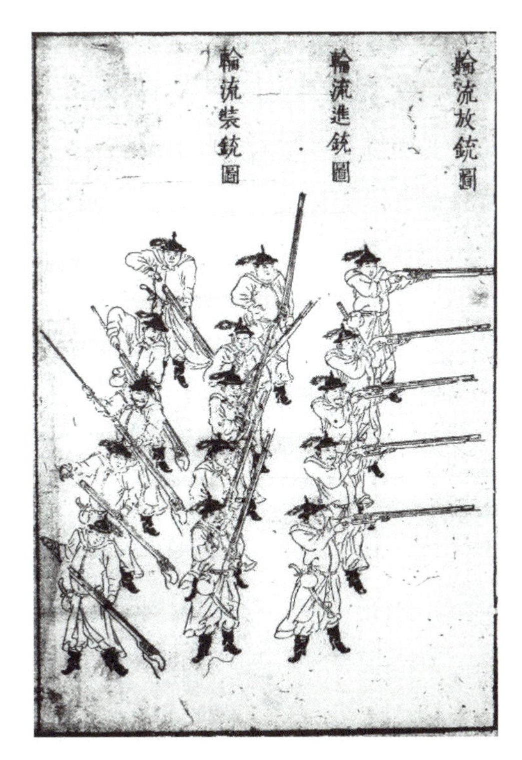

▲ 明崇祯八年（1635年）毕懋康著《军器图说》中的轮流放铳图，士兵们使用的就是长枪管火绳枪

火绳击发的可靠性相比金属丝更高，射手在双手持枪射击时不必再关注火门，这样便能集中精力瞄准目标，从而提高射击准确度。当瞄准变成一件有意义的事后，火绳枪的枪管长度开始大幅增加，精度也随之提高。火绳枪的操作相对简单，对射手的要求比长弓低，因此在实战中大受推崇。日本战国时代（1467—1615 年），各地大名的军队就大量装备了火绳枪，也恰恰是火绳枪的引入，使足轻（日本对步兵的称呼）的地位得以大幅提高。而我国明朝（1368—1644 年）军队装备的“精度能击中飞鸟”的“鸟铳”，实际上就是指火绳枪。

在火绳枪逐渐普及的时代，枪械还实现了一次重大进步——在一些欧洲国家的军队中，弹丸实现了通用化。15 世纪末以前，每个射手的枪所使用的弹丸都有一定差别，完全无法互换使用，因此每个射手只能自己携带有限的弹丸，一方面很难实现统一的后勤补给，另一方面导致火力持续性极差。直到 16 世纪初，欧洲人卡利弗改进了火绳枪的结构，为自己制造的火绳枪配备了统一口径的弹丸，才使战时的弹药补给体系发生了质的变化，也间接提高了枪械的火力持续性。

然而，火绳枪仍旧没能取代冷兵器的战场霸主地位。首先，只要射手稍有不慎，燃着的火绳就很容易将他身上的火药点燃，导致非战斗性减员。此外，燃着的火绳也很容易在夜晚暴露射手的位置——这对缺少防护的射手而言就是致命的。其次，在没有火柴和打火机的时代，选择点燃火绳的时机也是一件令人头疼的事——点火晚了怕错过时机，点火早了又怕火绳提前燃尽。最后，如果火绳用完了，火绳枪就与废铁无异，毫无用处。总之，火绳枪的实用性虽然相较火门枪进步明显，却仍不如冷兵器堪用。

上帝垂青：轮机枪与燧发枪

历史中总有谜一样的美妙音符，1500 年，一位不知名的德国枪械师发明了轮机枪。这种枪所使用的轮机机构源于机械钟表的发条：准备射击时，通过转动钢轮蓄能，并使扳机挂住钢轮。射击时，扣动扳机，使扳机释放钢轮，钢轮随之快速旋转，并与旁边的黄铁或燧石剧烈摩擦，进而产生火花，点燃火药。

轮机机构的优势很明显：首先，它不像火绳那样会耗损，更不可能点燃射

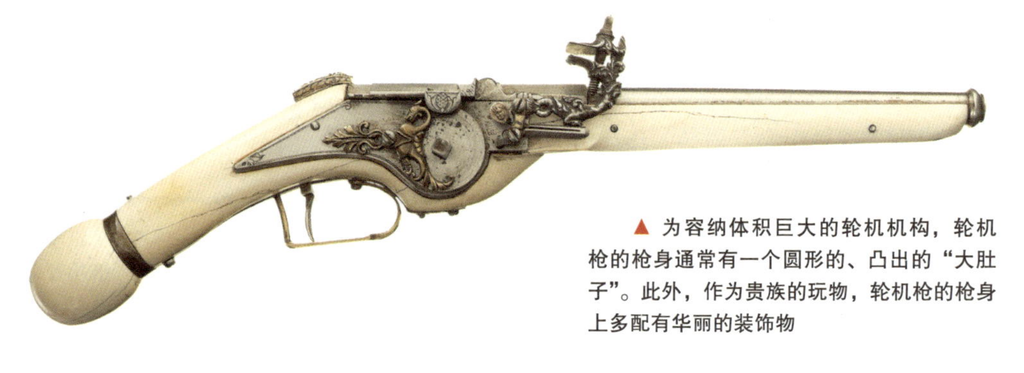

▲ 为容纳体积巨大的轮机机构，轮机枪的枪身通常有一个圆形的、凸出的“大肚子”。此外，作为贵族的玩物，轮机枪的枪身上多配有华丽的装饰物

手身上的火药。其次，它的操作方式相较火绳枪大为简化：转动钢轮待击后，哪怕把它放上几天不动，只要射击时扣动扳机，就能有效击发。总之，就功能和实用性而言，轮机枪完全能与后世的燧发枪相提并论。然而，如钟表般精密的轮机机构制造成本实在太高了——对武器而言，超越时代的设计也许反而预示着悲剧性的命运，以当时的生产力水平来看，没有任何一个国家有实力大规模装备这种奢侈的轻武器，这导致它最终“沦落”成欧洲贵族的掌中玩物——精密华丽的轮机枪显然比钟表和佩刀更耀眼。

16 世纪末期，随着革命性的燧发枪降临尘世，枪械在与冷兵器的交锋中终于占据了上风，它也逐渐开始被士兵们视作真正的第二生命。

▲ 一支燧发手枪，没有安装燧石。比起轮机枪，燧发枪是一种价格更为“亲民”的枪械，传世的多数燧发枪在形制上都相对“朴素”

燧发枪实际上应该称作“燧石发火枪”。目前，多数研究认为燧发枪由法国人发明，至于出现在亨利三世时期，还是路易十三时期，仍有不小争议。此外，也有部分文献认为燧发枪所使用的燧发机构诞生于1580年左右的荷兰。如果你熟悉现代枪械的发射机构，那么拿到一把燧发枪后一定会感到似曾相识——它的很多部件，例如击锤和扳机，已经与现代枪械相差无几。

相比简陋的火绳枪、复杂且昂贵的轮机枪，燧发枪可谓物美价廉——它具备轮机枪的所有功能，却更简单、更可靠、更便宜。燧发枪的工作原理相对简单：首先，将弹丸、棉纱和发射药装填入枪管，同时还要抬起打火镰，将底火药放入药池。然后，打火镰在打火镰簧或者人力的作用下下落，盖住放有底火药的药池，充当了“药池盖”，使底火药保持干燥。最后，扣动扳机，击锤在击锤簧的作用下向前翻转，固定在击锤上的燧石随即与打火镰剧烈碰撞、摩擦，撞开打火镰，露出药池内的底火药。同时，两者摩擦产生的火花会点燃底火药。底火药点燃后再通过传火孔点燃发射药，弹丸就能顺利击发了。这一原理与轮机枪几乎完全相同，无非是用击锤和打火镰代替了黄铁和钢轮。

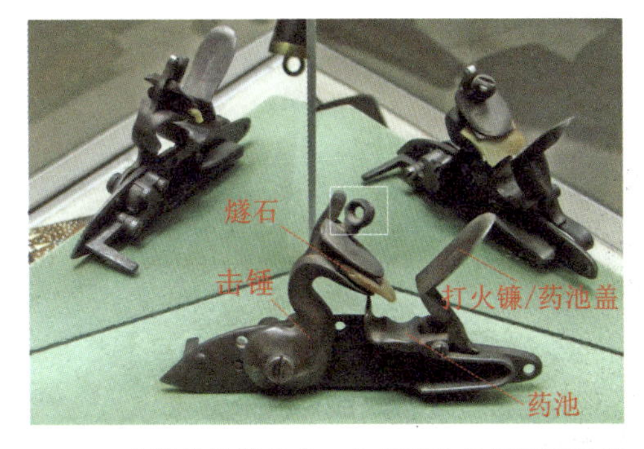

▲ 典型的燧发机构，白框线处是用于夹紧燧石的紧固螺钉

燧发枪大行其道的时代，手枪握把不再像火门枪和火绳枪时代那样，与枪身基本呈水平一线，而是发展为具有一定的下弯角度。握把下弯的好处是人体的可感后坐力变小了，但同时也导致枪口上跳加剧。好在当时的手枪只能单发射击，枪口上跳对精度的影响并不太严重。显然，后世的手枪几乎都延续了这种外形制式。有趣的是，燧发机构的发明，不仅赋予枪械新的生机，还实实在在地推动了其他产业的发展。其中最典型的是燧发打火机，人们只需带一些易燃的碎屑（例如木屑），然后用燧发打火机在上面打出火星就可以点火了——取火终于成了一件容易事。

不过，燧发枪也存在一个致命缺陷：尽管在潮湿环境或蒙蒙细雨中燧发机构仍能有效击发，但遇到降水量较大的情况就很可能会失灵——如果药池和底火药被彻底淋湿，那么燧石再可靠也无法点火击发。

登峰造极：击发枪和无烟火药

1793年，苏格兰牧师亚历山大·福塞斯首次尝试用雷汞充当枪械的底火药。雷汞很敏感，在剧烈碰撞下就能点燃。这种全新的枪械，既不需要火绳，也不需要燧石，只需要让击锤或击针直接撞击雷汞就能发火击发，因此人们称它为“击发枪”，意即“击打发火枪”。今天的所有枪械都属于“击发枪”的范畴，只是绝大多数不再以雷汞作底火。

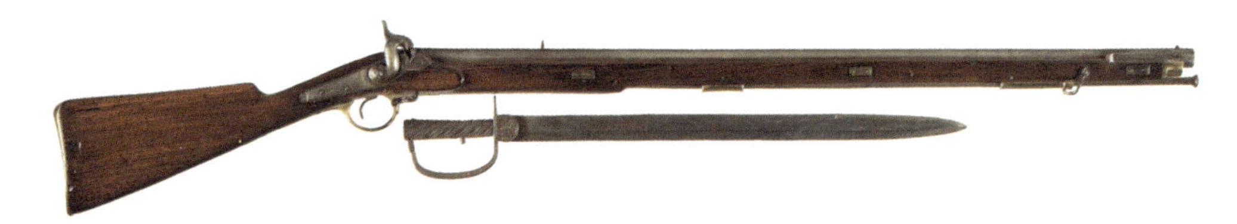

▲ 击发枪的结构相对燧发枪进一步简化，更便于大规模量产

◀ 火帽大多由薄铜皮包裹雷汞制成，外表呈金色，金属弹壳出现后，火帽逐渐演变为现代底火

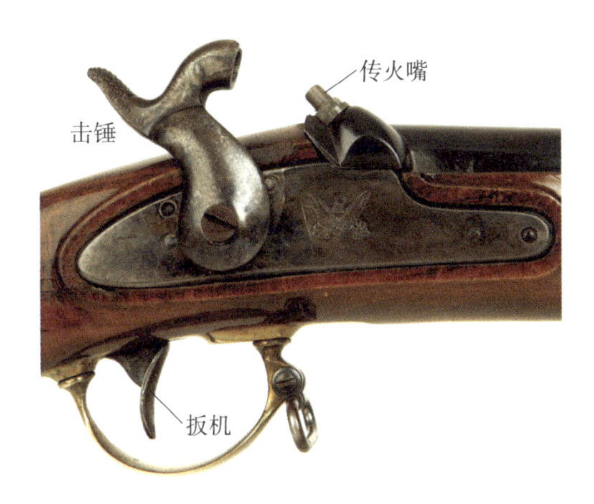

▲ 击发枪的击发机构。射击时，扣压扳机、释放击锤，击锤打击扣在传火嘴上的火帽，进而撞击火帽中的雷汞。雷汞受撞击后发生剧烈反应，产生的火星通过传火嘴内的传火孔到达枪管中，最终点燃发射药，击发枪弹

击发枪的成熟与大规模应用，不仅是枪械发展史上的里程碑，更是人类武器进化历程的大转折——冷兵器终于被枪械打入冷宫，自此沦落为战场上的配角。冷兵器唯一能聊以自慰的，是枪械技术和作战形式的协同发展，催生了刺刀这种独特的近战肉博工具。

在由燧发枪向击发枪过渡的时代，枪械领域还出现了三次重要的技术革命。其一是膛线，它大幅提高了枪械的射击精度；其二是装填形式逐渐由前装药向后装药过渡；其三是枪弹由弹药分离的形式逐步发展为定装纸壳形式，为现代枪械的通用化与制式化奠定了坚实的基础。

19 世纪中后期，无烟火药的发明将枪械技术发展推向了高潮。“炸药大王”阿尔弗雷德·伯纳德·诺贝尔（1833—1896 年）极大地推动了火药技术的发展，一大批科研人员受其激励投身新型火药研发事业，最终催生了无烟火药：它燃烧时的发烟量远少于传统黑火药，而且能量更高、更安全、残渣更少，是理想的枪械发射药。

第 1 章　无烟火药浪潮来袭

1.1 无烟火药时代的开创者——勒贝尔 1886 步枪

1887 年初，某个寂静的夜晚，一个法国士兵鬼鬼祟祟地穿越了层层封锁的法德边界——欣喜若狂地叛逃到德国。显然，就像如今在某些国家边境地区频繁上演的越境闹剧一样，一个普通的法国士兵之于德国人，实在不比一个毒贩更值得关注。然而，戏剧性的一幕才刚刚开始。这个名不见经传的法国士兵并没有按常理出牌——把枪卖到黑市套些现钱，随后在德国安度“罪恶”的余生，而是直接明目张胆地找到德国军方，近乎勒索式地向德国人开出了 2 万马克的价码，兜售自己随身携带的一支步枪和数十枚不起眼的子弹。

要知道，彼时的 2 万马克足足能买下 400 支新式毛瑟 71/84 步枪！机警而精明的德国人显然已经意识到这笔交易非同寻常。既然叛徒本身没什么值得深挖的线索，那名堂就只能出在步枪或者子弹上。经过仔细拆解研究，德国枪械专家们迅速发现，尽管这支步枪在设计和工艺上并没有什么惊艳之处，但性能却着实惊人：它在 450yd（约 411m）的距离上仍能准确命中一个成人大小的目标，而德军当时装备不久的毛瑟 71/84 步枪，对类似目标的有效射程却只有 300yd（约 274m）。

作为欧洲的老冤家，德法之间积怨颇深，两国间的军备竞赛一直处于白热化状态。19 世纪中后期，战机、坦克这些现代战争的标志性武器尚未问世，而划时代的自动武器——机枪，也才蹒跚学步。毫无疑问，步枪仍然稳坐武器王国的头把交椅，它的性能自然在很大程度上决定了对抗的态势。在 1866 年的普奥战争中，装备了先进后装步枪的普鲁士军队就曾大败装备前装步枪的奥地利军队。因此，针对这支神秘步枪的测试结果，极大震惊了惯常以枪械技术为傲的德国人。很快，德国人获悉，这支性能不俗的步枪正是法军刚刚列装的

◀ 勒贝尔 1886 步枪及其配套刺刀。19 世纪末是法国军工业的黄金期，催生了包括勒贝尔 1886 步枪和 1897 式 75mm 口径炮等划时代武器

▲ 1916 年，肩扛勒贝尔 1886 步枪，走在巴黎街头的法军士兵。勒贝尔 1886 步枪的装备量庞大，总产量达到了 300 余万支

◀ 尼古拉斯·勒贝尔上校。1876 年被授予少校军衔后，他开始投身于步兵武器的研发与改进工作

秘密杀手锏——勒贝尔 1886 步枪。

尽管勒贝尔 1886 步枪以法军上校尼古拉斯·勒贝尔命名，但这一伟大成就并非勒贝尔一人创造。1882 年，瑞士工程师爱德华·亚历山大·鲁宾发明了全金属被甲枪弹。他在传统铅质弹头外增加了一层铜质被甲，以提升弹头的强度和耐热性。这种弹头不会因初速增加而在枪管中融化、变形或破碎。1885 年，法国化学家保罗·玛丽·欧仁·维埃勒发明了世界上第一种枪炮用无烟火药——B 型火药。黑火药枪弹击发时会弥漫出大量青烟和残渣，而无烟火药几乎无烟无渣，且能量高达黑火药的 3 倍。

全金属被甲枪弹与无烟火药的发明，令时任法国战争部长乔治·布朗热大为兴奋，他是19世纪末法国著名军事和政治领袖，极右翼领导人。布朗热敏锐地意识到，这两项发明将给军队带来极大的技术优势。1886年初，布朗热下令在一年内研发一种结合无烟火药和全金属被甲枪弹技术的新式步枪。该项目由特拉蒙将军统筹。其中，新型无烟火药枪弹的研制工作由枪械师巴西莱·格拉斯和德萨勒中校负责。新枪弹在格拉斯研制的11mm口径步枪弹基础上改进而来。由于无烟火药威力过大，为安全起见，新枪弹口径由11mm改为8mm。新弹仓基于法军1884式格拉斯-克罗巴查克步枪的管状弹仓设计。新闭锁系统源自瑞士维特立步枪，但将后方双闭锁凸榫改为前方对称双闭锁凸榫，这部分由博内上校负责研发。

实际上，勒贝尔本人只负责设计了新8mm口径枪弹的圆弹头。但根据当时的法军枪械命名规则，新式步枪必须以身为轻武器评估委员会主席的勒贝尔命名。令人赞叹的是，为人谦逊的勒贝尔，终其一生都坚称勒贝尔1886步枪的研制成功要归功于特拉蒙和格拉斯两人。

勒贝尔1886步枪的研发周期只有短短一年，为降低使用新技术带来的风险，其结构大多延续了法国步枪的传统设计，整体而言乏善可陈。可以说，该枪的亮点仅仅是无烟火药和全金属被甲枪弹。而恰恰是无烟火药这一项，彻底打开了枪械性能进化历程中的潘多拉魔盒。

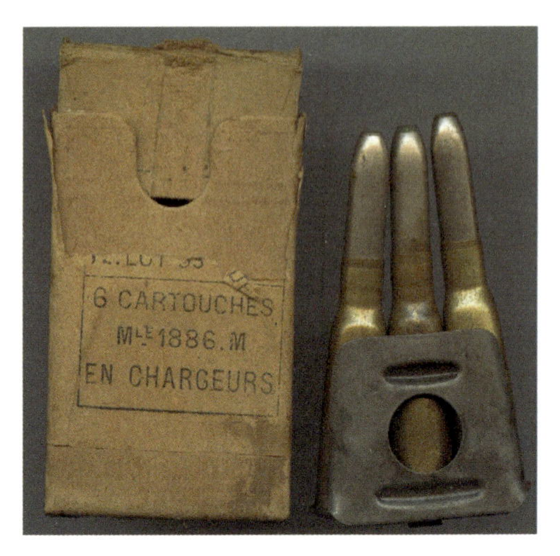

▲ 勒贝尔1886步枪配套的8×50mmR枪弹（圆头弹）和三发漏夹。这种体态“肥硕”的枪弹本身设计乏善可陈，但火药的进化却是革命性的

枪械说

禁锢自动武器的最后一道枷锁

黑火药是硝酸钾、炭、硫三种原料的混合物，质地较为蓬松，容易受湿度影响，燃烧速度往往快慢不一，释放的能量低且不稳定，并不适合作为能源使用。无烟火药是现代化学工业的产物，成分单一、能量高、性能稳定。自动武器的“自动”二字，指的就是利用一部分火药能量来替代人力完成抛壳、装填等动作。如果火药本身的能量释放过程就不稳定，以火药能量为动力的自动武器的稳定性和可靠性就无从谈起。实际上，在勒贝尔1886步枪诞生前，以马克沁机枪为代表的“原始”自动武器就已经问世，只是受困于不稳定的黑火药枪弹，迟迟没能达到实用化的程度。19世纪90年代，欧洲国家的军用步枪弹，大多经过了由大口径黑火药枪弹演变为中口径无烟火药枪弹的革命性历程，而马克沁机枪等“原始”自动武器也随之重获新生，真正具备了实用价值。

▲ 图示为展现美国南北战争的重演活动，我们能清晰地看到黑火药步枪发射时产生的浓烟

无烟火药燃烧时几乎无烟的特性，避免了黑火药步枪射击时浓烟暴露射手位置、妨碍瞄准的问题。而其发射后残渣较少的特性，则使枪械在射击数千发子弹后才需要清理枪管，大幅提高了可维护性，而同期质量较好的黑火药步枪在射击约 100 发子弹后就需要清理枪管，否则黑火药残渣就会填平膛线。无烟火药的高能量特性，则赋予勒贝尔 1886 步枪接近 2 倍声速的枪口初速（约 640m/s），是号称黑火药步枪巅峰之作的毛瑟 71/84 的 150%（约 440m/s），更是同时期其他黑火药步枪所望尘莫及的。

▲ 勒贝尔 1886 步枪配套的 8×50mmR 圆头弹（最左）与尖头弹。法、德、日等国的无烟火药枪弹都进行过圆头改尖头的改进，目的就是进一步提高初速

高枪口初速带来的不仅仅是大射程。弹头飞得更快，留给敌人的反应时间就更短，这就降低了射手对射击提前量的预判难度。同时，高初速还带来了弹道平直、风偏小、精度高等一系列优势，这些优势无疑降低了枪械对射手的射击技巧要求，能大幅提高军队的战斗力。在枪械主宰大陆战场的时代，这些优势无疑是战略级的。

惊慌失措的德国人立即着手改进自己的毛瑟71/84步枪。然而反复尝试后，德国人最终放弃了这一计划，因为他们无奈地发现，毛瑟71/84的结构设计并不逊于勒贝尔1886，恰恰是黑火药枪弹限制了它的性能提升，唯一的出路就是设计一型使用无烟火药枪弹的全新步枪。至此，勒贝尔1886与无烟火药，共同拉开了枪械发展史上的“寒武纪”大幕。

1.2 现代枪械的定型者——1888式与1898式步枪

德国人暗地里应该非常庆幸，他们为毛瑟71/84步枪自鸣得意的时候，并没有在战场上遭遇勒贝尔1886步枪，因为法国人选择了一种很“仁慈”的方式给老冤家敲了警钟。

危机当头，一向严谨的德国人不得不仓促出招。他们立即成立了步枪试验委员会来统筹工作。委员们很清楚，当务之急是尽快拿出可行的方案。于是，改进成熟且已经大量列装的毛瑟71/84步枪成为优先选择。表面上看，让原本发射11mm口径黑火药枪弹的毛瑟71/84，改为发射口径更小的无烟火药枪弹，相较于研发全新的步枪而言，肯定更容易实现。

▲ 德国猎兵部队（精锐步兵）装备的特制毛瑟71步枪。该枪的扳机护圈（红圈处）形状奇特，这是象征猎兵部队独特身份的标志之一

但事与愿违，毛瑟公司对委员会的如意算盘并不买账。显然，为满足改进需求，毛瑟公司不仅要召回所有已经列装部队的毛瑟 71/84，还要自行调整生产工艺，重新制定验收标准。忙于研发新产品、扩大产品规模的毛瑟公司，自然不乐意接手这种“赔本赚吆喝”的买卖。

毛瑟公司的“非暴力不合作”态度使改进项目陷入僵局。而委员会也逐渐意识到，单纯地改进老产品，根本不可能从技术上重新超越法国人。项目进度不等人，委员会当机立断，将毛瑟公司踢出局，否决改进毛瑟 71/84 项目的同时，独自承担了新步枪和枪弹的研发工作。

彼时，除勒贝尔 1886 外，所有枪械的结构均针对黑火药设计。德国人显然也没有任何与无烟火药枪弹相关的技术储备。在“一穷二白”的情况下，凭借一个临时组建的“草台”研发班底——步枪试验委员会，要拿出一型使用全新技术、性能过硬的步枪，难度可想而知。

深有自知之明的委员们做出了一个看似无比正确的决定——集众家之长。新步枪的枪机由斯班道兵工厂的路易斯·施勒格尔米尔希设计，带有浓重的曼利夏和毛瑟风格，弹仓则直接改进自曼利夏步枪。新的枪弹由瑞士枪弹改进而来，膛线则源于勒贝尔 1886 步枪。

客观而言，这些设计在 19 世纪末期的确算得上先进。路易斯·施勒格尔米尔希式枪机使用结构极其紧凑的弹性抛壳挺和小型片簧抽壳钩，这项“超前”设计甚至比“后起之秀”毛瑟 1898 式步枪还先进，直至今日仍属主流设计。升级版曼利夏式弹仓使用漏夹供弹，可从顶部一次性装入 5 发枪弹，射速出类拔萃。新型 7.92mm 口径枪弹（也称 8mm 口径毛瑟弹）采用无底缘、斜肩定位设计，这同样是现代枪弹的主流设计形式。

▲ 7.92×57mm 口径圆头弹（左）和尖头弹（右）。与“矮粗”的勒贝尔枪弹不同，这种无底缘枪弹身材“苗条”，设计更为合理

▲ 1888 式步枪的弹夹（红圈处，也称桥夹或漏夹）可从枪身顶部一次性装入 5 发枪弹，装填速度远高于采用管状弹仓的勒贝尔 1886 和毛瑟 71/84 步枪

如此看来，委员会可谓是绞尽脑汁将当时所有先进设计统统堆砌到了新步枪上。然而，好的产品从来不是简简单单的“高科技叠加”。项目进度的仓促推进，使步枪试验委员会忽视了一个重要问题——他们真正缺乏的不是高新技术，而是像保罗·毛瑟这样的枪械设计大师——一个真正有能力统领和把握设计全局的人。畸形发展的设计流程给后来的悲剧埋下了伏笔。

从意外“购”得勒贝尔1886步枪算起，短短两年内，委员会便搞定了无烟火药及配套步枪和枪弹的研发设计工作。高效的德国人再一次创造了“奇迹”。随后，他们通过强大的人脉资源，顺利说服德皇威廉二世颁布了军队换装新步枪的命令。时间恰好定格在1888年，于是，呱呱坠地的新步枪被命名为1888式“委

枪械说

“汉阳造”与“老套筒”

19世纪末的中国，洋务运动如火如荼。为应对内忧外患，清政府曾斥巨资一次性向毛瑟公司订购了26000支1871式步枪——这是毛瑟公司有史以来收到的最大一笔海外订单。出手阔绰的清政府一直在寻求引进先进枪械的生产线，这无疑吸引了已经在德国举步维艰的路德维希－洛伊公司，他们将1888式步枪包装为“最新式的德国毛瑟枪”，与全套技术资料和生产设备一起打包出售给清政府。如获至宝的清政府于1896年开始在汉阳兵工厂仿制1888式步枪，并将其命名为88式步枪，这就是著名的“汉阳造”。

1888式步枪上有一个很奇怪的设计——枪管外包裹了一层金属护套（套筒）。德国人认为套筒有助于提高枪管散热水平，并防止枪管因膨胀而卡住弹头。而实际上，套筒除了增加死重外，根本起不到任何作用。在设计1898式步枪时，毛瑟公司毅然决然地放弃了套筒。汉阳兵工厂在发现这一问题后，也随之取消了新批次“汉阳造”88式的套筒。于是，套筒就成为区分新旧批次“汉阳造”88式步枪的标志，带套筒的老“汉阳造”因此得到了“老套筒”的绰号。

▲ 1888式步枪不完全分解状态的零部件。最上方的圆筒形部件就是套筒，套筒下方是枪管

员会”步枪。

尽管委员会详尽分析了法国人的无烟火药枪弹，也自认为掌握了无烟火药的特性。殊不知，无烟火药的比能量高出黑火药数倍，无烟火药枪械的膛压也远高于黑火药枪械。如此一来，原本在黑火药步枪上十分可靠的闭锁机构，改用无烟火药枪弹后，可靠性必然会有所下降。

急于求成的委员们显然忽视了这一致命因素——脆弱的闭锁机构成为 1888 式步枪的“阿喀琉斯之踵”。列装部队后，有关 1888 式步枪炸膛的传言频频曝出。更糟糕的是，臭名昭著的民族主义领袖赫尔曼·艾尔沃特向公众宣扬，1888 式步枪的承包商之一——犹太人经营的路德维希 - 洛伊公司向武器审查人员行贿，致使大量劣质产品流入军队。在媒体的大肆渲染下，1888 式步枪甚至被冠以“犹太步枪”这一极具种族歧视意味的名号。

贿赂丑闻、政治干预，伴随着一系列“黑幕”的发酵，委员会不得不对 1888 式进行了一系列亡羊补牢式的改进。然而这已经于事无补，德国民众开始向政府发难：为什么不让毛瑟来设计新步枪？

机会总是垂青有准备的人。当步枪试验委员会靠 1888 式收获了一地鸡毛时，毛瑟公司也加紧了新产品的研发工作，先后推出了 1889 式、1891 式、1892 式、1893 式、1894 式和 1895 式无烟火药步枪，

▲ 保罗·毛瑟（左）与哥哥威廉·毛瑟（右）

并最终在1896式步枪上缔造了经典的毛瑟式旋转后拉枪机结构。

19世纪末期战事颇多，美西战争、布尔战争相继打响，全球军火市场异常火爆。此时，各国大量装备的仍然是黑火药步枪，而勒贝尔1886与1888式步枪碍于出口限制，难以撼动步枪市场。这给毛瑟公司提供了千载难逢的良机，一众毛瑟无烟火药步枪凭借优异的性能，砍瓜切菜般地席卷了步枪市场，使毛瑟步枪的知名度进一步提升。

1898年，众望所归之下，毛瑟公司成为德国新式步枪的主承包商，并推出了划时代的1898式步枪，牢牢坐稳世界步枪市场的头把交椅。

与仅用两年时间“高效催熟”的1888式步枪截然不同，1898式步枪从规划设计到列装入役经历了漫长的10年时间。这期间，保罗·毛瑟保持了清醒的头脑，他不像步枪试验委员会那样好高骛远、急于求成，更不会重蹈1888式堆砌新技术的覆辙，而是充分消化吸收了1888式步枪的设计经验，并针对其缺点进行了彻底改进。

1888式步枪采用单排单进弹仓，而1898式步枪改为双排双进弹仓，这使弹仓长度得以缩短，不再凸出枪身，完全被护木包裹，提高了可靠性，造形也更加美观。另外，1898式在弹仓下方安置了一个盖板，彻底解决了1888式弹仓极易进入污垢的问题。盖板还可以快速打开，便于清洁弹仓和快速退出枪弹。1898式仍然可以使用弹夹快速装弹，但不像1888式那样要将整个弹夹装入枪内，而是装好弹就把弹夹取出，完美解决了1888式弹夹易故障的问题。同时，1898式的拉机柄更靠后，更好操作。最让人感慨的是，1896年，在步枪试验委员会通过增加膛线阴线深度和枪管厚度的方法，成功解决了1888式的炸膛问题后，精明的保罗·毛瑟很快便将这一成果应用到了1898式上。

▲ 毛瑟1898式步枪的弹夹装填示意。这种弹夹不像1888式步枪的弹夹那样与枪弹整体装入仓内，而是辅助装弹入仓后取出

▲ 1888 式步枪（上）与 1898 式步枪（下）对比。1898 式采用了双排弹仓（红圈处），长度相对 1888 式的弹仓（红圈处）缩短，且不再凸出枪身

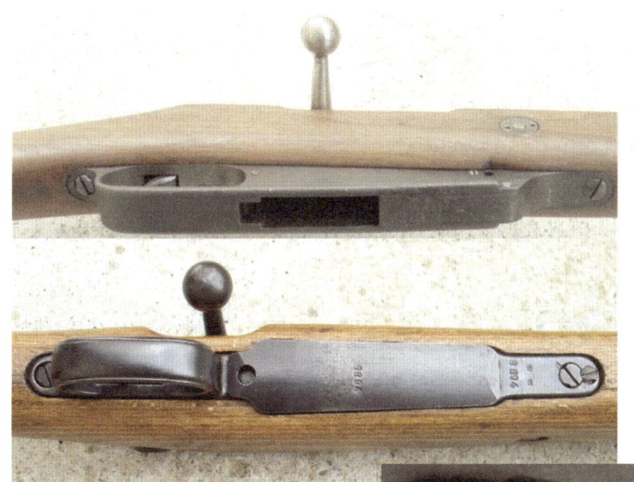

◀ 1888 式步枪（上）与 1898 式步枪弹仓底部对比。1888 式弹仓底部的开口是为了排出空弹夹，而 1898 式步枪的弹夹不留在枪身内，因此弹仓底部可以封闭

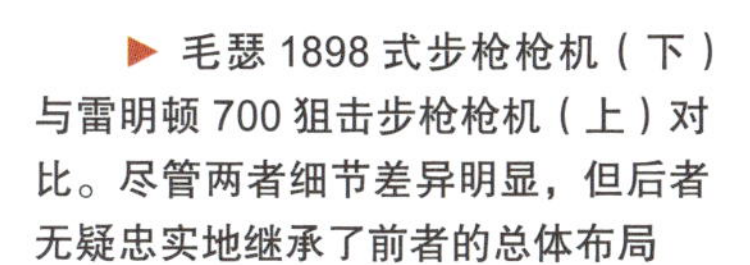

▶ 毛瑟 1898 式步枪枪机（下）与雷明顿 700 狙击步枪枪机（上）对比。尽管两者细节差异明显，但后者无疑忠实地继承了前者的总体布局

1898 式步枪没有再应用任何新技术，毛瑟公司也没有步枪试验委员会般的“超高效率”和强大人脉。但在 1898 式步枪上，德国人终于实现了 1888 式的设计目标：一支完美的无烟火药步枪。法国人的勒贝尔 1886 步枪诞生 12 年后，德国人用毛瑟 1898 式步枪强势回击：步枪，还是德国造的好。

随后诞生的美国春田 M1903 步枪，以及日本三八式步枪，“体内”都或多或少流淌着毛瑟步枪的“血液”。整个毛瑟步枪家族的产量更是堪称天文数字，自 19 世纪末到第二次世界大战结束，在接近 50 年的时间里，毛瑟步枪一直作为主战枪械，统治着全球制式步枪市场。

经典的毛瑟旋转后拉式枪机结构影响深远。如今的栓动高精度狙击步枪，仍然忠实地传承着一系列“毛瑟设计”：平动击针、对称双闭锁凸榫、双排双进弹仓 / 弹匣。我们不能说这些设计都出自毛瑟之手，但毛瑟的集大成之作——1898 式步枪，无疑使这些设计深入人心。

就这样，步枪试验委员会和 1888 式步枪阴差阳错地将毛瑟步枪送上“神坛”，两代步枪一脉相承的经典设计最终随 1898 式步枪声名远扬。历史总是这样，人们愿意看到将军，却总是忘记白骨。当我们感慨 1898 式步枪的完美时，可曾想起是谁给了毛瑟“宝贵的 10 年”？

1.3 19 世纪末至 20 世纪初的无烟火药步枪

19 世纪末至 20 世纪初，枪械在战争中无疑居于核心地位，在民族主义思想暗潮涌动的背景下，研发新型枪械成为提升民族凝聚力、展现民族实力的绝佳途径。在勒贝尔 1886 步枪和 1888 式“委员会”步枪相继问世后，各国都开始倾尽国力研发无烟火药步枪。

沙俄

莫辛 - 纳甘 1891 步枪

1889 年，沙俄政府决定研制无烟火药步枪代替现役的伯丹步枪，并为此举行了一场竞标比赛，参赛的包括毛瑟、勒贝尔 1886、李 - 梅特福、克拉格 - 约根森等知名步枪。竞标以比利时人里昂·纳甘的步枪夺冠、俄国人谢尔盖·莫辛的步枪获第二名告终。出于照顾国民情绪的目的，沙俄政府最终结合二人步枪的优点，推出了莫辛 - 纳甘 1891

式步枪。与同期步枪相比，莫辛 - 纳甘 1891 式的操作方式繁复、人机功效欠佳，但胜在易于大量生产，这也是该枪中标的主要原因之一。莫辛 - 纳甘 1891 式在我国被称为“水连珠”。

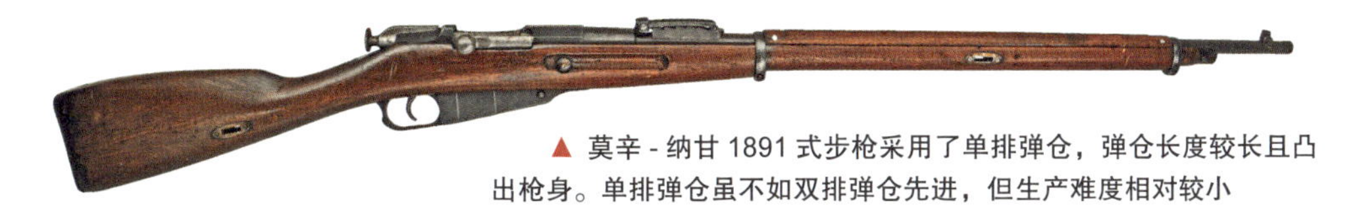

▲ 莫辛 - 纳甘 1891 式步枪采用了单排弹仓，弹仓长度较长且凸出枪身。单排弹仓虽不如双排弹仓先进，但生产难度相对较小

日本

三十式步枪

三十式于 1897 年（明治三十年）定型列装，是日本研制的第一代无烟火药步枪，采用标准的双排盒状弹仓。该枪发射 6.5mm 口径有坂步枪弹，精度较高，后坐力较小，适合东方人使用。其尾部有一个钩状保险，因此得到了“金钩步枪”的绰号。在日俄战争中，三十式步枪整体表现良好，但也暴露出沙尘天气适应性差的缺陷。三十式步枪的服役时间较短，总产量不高。

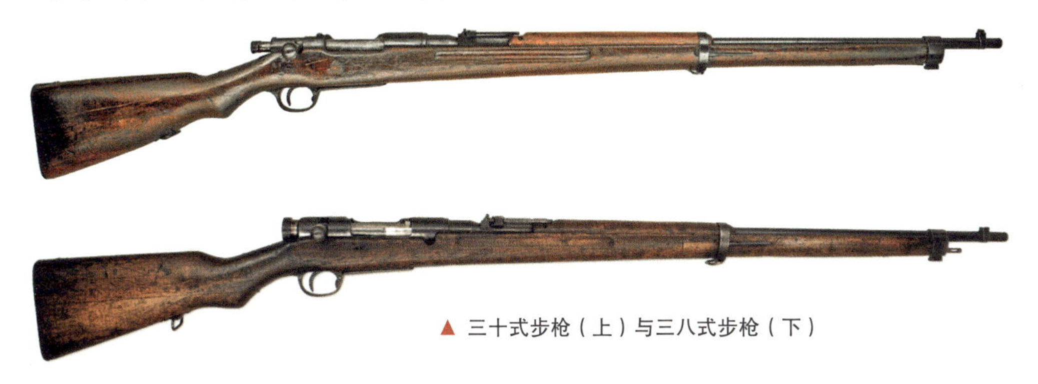

▲ 三十式步枪（上）与三八式步枪（下）

三八式步枪

三八式步枪是日本研制的第二代无烟火药步枪。该枪相较三十式步枪加装了防尘盖，枪机结构得到优化，取消了不实用的钩状保险，改为圆形滚花保险。三八式的枪机设计简洁，不完全分解后仅有枪机机体、击针、保险和击针簧四个部件，分解结合动作轻松不费力，维护操作简便，在所有“毛瑟血统”步枪中拥有最佳的人机设计。此外，该枪继承了三十式步枪精度高、后坐力小的优点，非常适合当时身体素质普遍不高的日本士兵使用。

意大利

卡尔卡诺 M91 步枪

卡尔卡诺 M91 于 1891 年定型列装意大利军队，是意大利研制的第一型制式无烟火药步枪。该枪口径为 6.5mm，采用 6 发固定弹仓，由都灵兵工厂生产。1938 年时，意大利将该枪口径改为独特的 7.35mm 并继续装备部队。1963 年 11 月 22 日，李・哈维・奥斯瓦尔德刺杀时任美国总统约翰・肯尼迪时，使用的正是一支 6.5mm 口径卡尔卡诺 M91/38 步枪，他在 8.5s 内连开三枪，击中了 80yd（约 73m）外的肯尼迪。

▲ 卡尔卡诺 M91 步枪采用单排盒状弹仓，弹仓高度较大，明显凸出于枪身

英国

李氏步枪

所谓李氏步枪，指英军装备的李 - 梅特福、李 - 恩菲尔德等步枪。在换装无烟火药步枪前，英国刚刚于 1888 年列装了李 - 梅特福弹匣式黑火药步枪（MLM）和配套的 7.7mm（0.303in）口径黑火药步枪弹。由于研制时间较晚，李 - 梅特福步枪和 7.7mm 口径枪弹的整体性能并不落伍。经过小打小闹般的改进后，英国便推出了 7.7mm 口径无烟火药枪弹，并于 1895 年推出了使用该弹的李 - 恩菲尔德弹匣式步枪（MLE）。

▲ 李 - 梅特福 Mark.II 步枪（MLM Mark.II）

相比李 - 梅特福步枪，李 - 恩菲尔德步枪只是将原有的适用黑火药枪弹的梅特福式膛线改为恩菲尔德兵工厂设计的新膛线，以应对高膛压的无烟火药枪弹所带来的膛线烧蚀问题。在生产李 - 恩菲尔德步枪的同时，“勤俭持家”的英国人还为此前生产的李 - 梅特福步枪更换了能发射无烟火药枪弹的新枪管。就这样，全新的李 - 恩菲尔德与换装枪管的李 - 梅特福实现了并行装备，且各自包含 Mark.Ⅰ、Mark.Ⅱ 等多个版本，这也导致这一时期英国步枪的名称颇为混乱。

▲ 自上至下依次为李 - 恩菲尔德弹匣式短步枪第 1 号、第 1 号第 3 型、第 1 号第 5 型、第 1 号第 6 型，李氏步枪家族成员之多可见一斑

仓促投产的李 - 恩菲尔德步枪和改进型李 - 梅特福步枪与 1888 式步枪同病相怜，在布尔战争中暴露出很多问题。这些问题直到 1904 年李 - 恩菲尔德弹匣式短步枪（SMLE）问世才得到改善。

李 - 恩菲尔德弹匣式短步枪的枪管长度由李 - 恩菲尔德步枪的 762mm 缩短到 640mm。其弹容量达到 10 发，是当时所有无烟火药步枪中最多的。尽管该枪采用了弹匣而非弹夹，但只是将弹匣作为可拆卸的弹仓使用，仍然要用弹夹快速装弹。整个李氏步枪家族都采用了与毛瑟步枪家族大相径庭的后方闭锁方式，虽不及毛瑟的前方闭锁方式可靠，但配合独有的击针双阻铁设计，射速更高，与其较大的容弹量也相得益彰。这甚至在某种程度上阻碍了英国研发射速更高的半自动步枪的步伐。李 - 恩菲尔德弹匣式短步枪伴随英国军队参加了两次世界大战且一直作为主战装备。

美国

克拉格 - 约根森步枪

克拉格 - 约根森步枪由挪威陆军上尉欧·克拉格和埃里克·约根森设计，1892 年被选中成为美国军队的制式步枪，它是美国军队列装的第一代制式无烟火药步枪。美军将其口径改为 0.3in（7.62mm），以发射自家的 .30-40 克拉格无烟火药步枪弹。该枪同时也是丹麦军队的制式步枪。

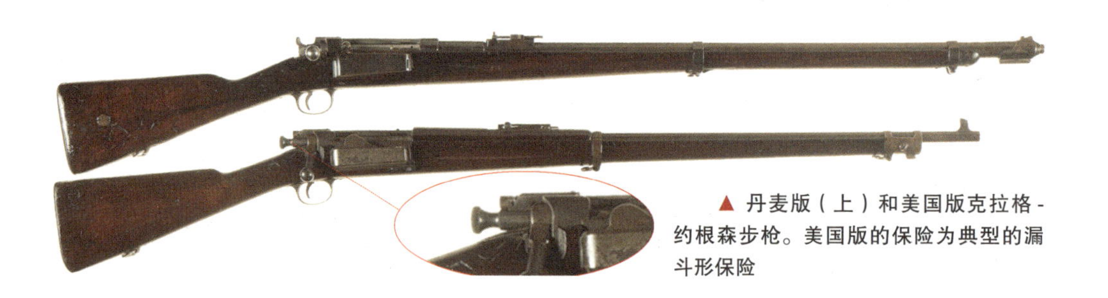

▲ 丹麦版（上）和美国版克拉格 - 约根森步枪。美国版的保险为典型的漏斗形保险

M1903 步枪

鉴于克拉格 - 约根森步枪在美西战争中表现糟糕，美国决定换装毛瑟风格的新步枪并重新设计枪弹，M1903 步枪应运而生。该枪的弹仓、枪机和瞄具都与毛瑟步枪相似，整枪布局更是完全相同。它可用桥夹实现快速装弹，弹容量为 5 发。M1903 步枪由斯普林菲尔德兵工厂（Springfield）制造，因此得名“斯普林菲尔德步枪”或“春田步枪”。作为美军列装的第二代制式无烟火药步枪，与 M1903 配套的枪弹是于 1906 年设计定型的 7.62 × 63mm 口径步枪弹，或称 .30-06 步枪弹（.30 代表 0.3in，即 7.62mm 口径，06 代表 1906 年定型）。

▲ M1903A1 步枪，其漏斗形保险与克拉格 - 约根森步枪一脉相承

奥匈帝国

M1888/90 曼利夏步枪

M1888/90 由奥地利枪械大师费迪南・里特尔・冯・曼利夏设计，口径为 8mm，是奥匈帝国军队列装的第一代无烟火药步枪。该枪采用了著名的曼利夏式弹仓，射手可用桥夹快速装弹，技术上领先于当时流行的管状弹仓。M1888/90 采用了典型的曼利夏式直拉枪机，其枪机的前端楔闩负责开闭锁，射手只需前后拉动而不必转动枪机。这种枪机闭锁原理不及毛瑟步枪的回转闭锁可靠，使用膛压较高的无烟火药枪弹时存在较大安全隐患。此外，M1888/90 的抽、抛壳机构设计不完善，存在可靠性问题。

▲ M1888/90 曼利夏步枪（上）与 M1895 斯太尔 - 曼利夏步枪（下），两者都采用直拉枪机

M1895 斯太尔 - 曼利夏步枪

针对 M1888/90 的问题，斯太尔公司创始人约瑟夫・沃恩德尔决定在尽量沿用其成功结构的前提下研制一型新步枪，即 M1895 斯太尔 - 曼利夏步枪。该枪保留了 M1888/90 的曼利夏式弹仓和发射机构，枪机虽然仍为直拉式，但被一分为二，使枪机与机头分离，进而将楔闩闭锁改为回转闭锁，成功解决了闭锁强度和抽、抛壳不可靠问题。不过，这种新闭锁方式仍不及毛瑟式闭锁机构可靠，结构上也相对复杂。因此，尽管 M1895 步枪大量装备了一些欧洲国家军队，但其结构特点并没能发扬光大。

1.4 黎明前的黑暗——枪械发展的崎岖路

随着1888式、1898式等步枪相继问世，短短几年间，世界各国军队就以惊人的速度全面换装了无烟火药步枪。而无烟火药的大规模应用，也使投身自动武器研发事业的先驱们欣喜若狂，他们终于打开了禁锢自动武器的最后一道枷锁。

然而，自动武器的发展却远不如无烟火药般一帆风顺。更确切地说，那个时代的大多数人还没有做好准备去迎接一种能“疯狂倾泻弹药”的高射速武器。无烟火药步枪的爆发式发展，使人们刚刚感受到操作枪械原来可以如此简单易行，瞄准目标原来可以如此轻松高效。当大多数人都沉浸在精确射击所带来的快感中时，又有多少人能理解“疯狂倾泻弹药”的意义呢？

在1892年美国军队的新步枪竞标中，挪威的克拉格-约根森步枪战胜了包括毛瑟步枪、李-梅特福步枪、斯太尔-曼利夏步枪在内的52个竞争对手，成为为数不多的由外国人设计的美军制式步枪。然而，这型步枪的射速其实远不及毛瑟步枪。它采用了一种奇特的“侧开门”弹仓，射手只能打开弹仓盖，一发一发将枪弹装好，再关上弹仓盖射击。反观毛瑟步枪，射手利用桥夹仅需几秒钟就能装好5发枪弹。

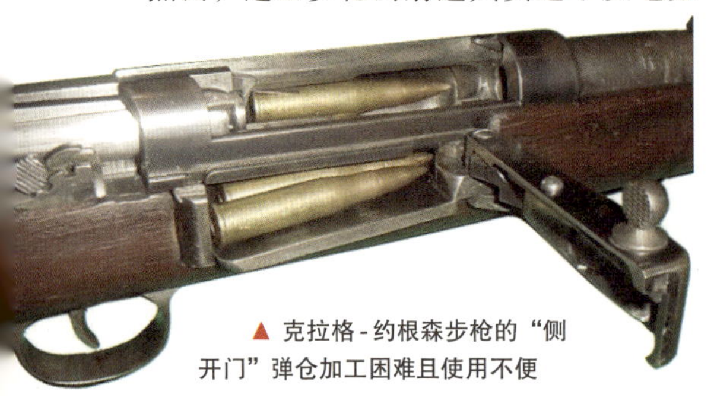

▲ 克拉格-约根森步枪的“侧开门”弹仓加工困难且使用不便

以今天的视角看来，刻意限制射速的“奇葩”弹仓设计无疑是克拉格-约根森步枪的最大败笔，但这却恰恰是美国人当时最中意的“亮点”——他们认为这项设计能有效降低射速，让士兵“踏下心来”瞄准目标后再射击。

实战证明这当然是一种愚蠢至极的观点。1898年的美西战争中，在人数相近的情况下，美军的火力完全被装备了毛瑟1893式步枪的西班牙军队压制，一度处于溃败边缘。此役后，痛定思痛的美国人立即换装了拥有毛瑟血统的、能用桥夹实现快速装弹的M1903步枪。

同样纠结在“射速”与“精确射击”间的还有英国人。英军当时装备的李氏步枪也能像毛瑟步枪一样用桥夹实现快速装弹，再配合操作顺畅的后方闭锁枪机设计，在射速上丝毫不逊于后者，加之更高的弹容量，在火力持续性上还更胜一筹。

不过，这样的性能优势反而引起了部分英军高层的担忧，在他们看来，如此顺畅、高效的装填方式，可能会让士兵们“丧失理智”，在距离目标很远时就拼命射击，白白“浪费”子弹。于是，英军最终“异想天开”地给李氏步枪加装了所谓的

“弹仓隔断器”。装上隔断器后，李氏步枪的 10 发弹匣便形同虚设，士兵们仍然要“老老实实”地一发一发装填子弹。只在敌人距离很近时，士兵们才能取出隔断器，重新“拥抱”高射速。

战争形式的变化给了英国人深刻的教训。19 世纪末到 20 世纪初的步兵对战，彻底颠覆了燧发枪时代由远及近的线列阵齐射形式，没有人会愚蠢地端着栓动步枪一步一步面向敌人推进。第二次布尔战争（1899—1902 年）中，布尔人通常会利用地形优势伏击英军，而在这种遭遇战中，英军士兵根本来不及取下弹仓隔断器，面对布尔人的毛瑟步枪毫无招架之力。一篇文章中就写道：布尔人一度非常困惑，为什么李氏步枪在英国人手里时射速会变得这么低？

美英两国军队对子弹无比“吝惜”的背后，折射出的正是人们当时对武器运用的认知，落后于技术进步的矛盾现实。显然，限制火力是极其愚蠢的行为。战争就像嗜血的猛兽，它从来不会“绅士”地对火力表示拒绝，想要控制战争，就必须毫不吝惜地释放火力。

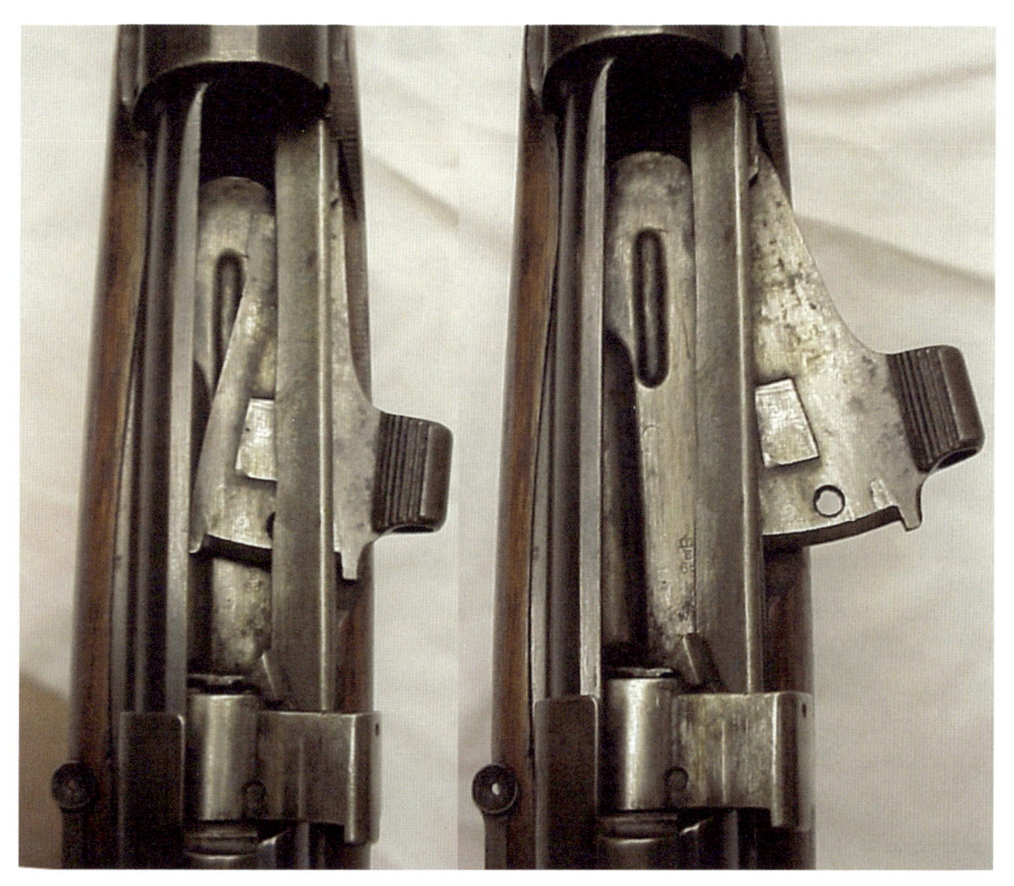

▲ 李 - 恩菲尔德弹匣式短步枪弹仓隔断器旋入（左）与旋出状态示意，旋出时的弹仓隔断器凸出于枪身表面，容易钩挂，十分碍事

第 2 章　自动武器的爆发

在一种武器解决了单发性能问题后，提升射速就成为提高火力的首选项。人类对速射武器的不懈追求恰恰印证了这个简明的道理。上千年来，诸葛连弩、车轮铳、手摇加特林机枪等依靠“人力”来初步实践“速射”理念的武器，在战争舞台上都曾有过高光时刻。

然而，早期速射武器普遍被可靠性差、加工困难、体积过大等问题所困扰，“速射”之名也名不副实——它们的爆发射速通常只有200~300发/min，且受制于射手的状态，很不稳定。归根结底，以“人力”为能源是一个糟糕的选项，速射武器需要的是比能高、性能稳定、工作可靠的能源。直到19世纪末，海勒姆·马克沁发明了以火药燃气为能源的自动武器，射速的天花板才终于被人类打破。自此，速射武器的概念逐渐被边缘化，自动武器正式走上战争舞台。

2.1 开创“自动”时代——马克沁与马克沁机枪

▲ 海勒姆·史蒂文斯·马克沁（Hiram Stevens Maxim），科学界的拓荒者，他的发明涉及航空、电气和武器等多个领域

发明马克沁机枪前，海勒姆·马克沁悉心经营着一家气体照明灯公司，在行业内积累了良好的口碑。然而，商业嗅觉敏锐，且同样以照明产业起家的托马斯·爱迪生对此一直心存芥蒂。1880年，两人首次针锋相对，同时参与到纽约市照明路灯项目的竞标中。在声望和人脉上更胜一筹的爱迪生笑到了最后，而马克沁却因此遭遇了严重的财务危机，不得不卖掉公司。

心灰意冷的马克沁决定远赴欧洲创业，但发展过程并不顺利。一位商人朋友劝他：“如果你想赚大钱，就把电学和化学扔到一边，只要发明一种能让欧洲人自相残杀的高效武器就行了。”此时的欧洲大陆战火纷飞，朋友的话让马克沁茅塞顿开，随即做出了将影响他一生的决定——改行设计枪械。

正式投入设计工作前，马克沁开展了广泛而深入的调研。通过大量走访和观察，他发现很多前线士兵的肩膀上都有淤青，而罪魁祸首正是枪械的后坐力。这个当时司空见惯的现象，却让马克沁萌生了一个大胆的设想——为什么不能利用枪械后坐力来实现连续射击呢？

▲ 后坐力曾被认为是有百害而无一利的枪械射击“副产品”，因此马克沁之前的枪械设计师大多选择“绕开”它去解决射速问题

后坐力的“始作俑者”是枪弹击发时产生的火药燃气。这种伴随每一次击发都会稳定释放的燃烧能量，不正是实现枪械自动射击的绝佳能源吗？于是，马克沁开始遵循这一思路设计枪械。

1883 年，世界上第一种真正意义上的自动武器诞生了——一支改进自温彻斯特 1866 式杠杆步枪的“自动步枪”。尽管这支自动版 1866 带有浓厚的试验色彩，但它的成功无疑证明了以火药燃气能量作为枪械动力是完全可行的。

1884 年，信心十足的马克沁开始着手研制机枪。第一挺成品由老式加特林机枪改进而来。试验时，马克沁在这挺机枪的漏斗进弹口里放了 6 发枪弹，结果仅仅半秒钟就全部射击完毕！如此高的射速是前所未有的，这令马克沁欣喜万分。然而，高射速带来的高耗弹量问题也随之凸显。马克沁意识到，要实现有意义的全自动射击，就必须重新研制一套供弹机构，它必须能与高射速匹配，同时拥有可观的容弹量。

经过多次试验与改进，枪械史上第一种弹链横空出世，它采用帆布材质，长 6.4m，可装弹 333 发。为带动这种沉重的弹链，马克沁设计了一套全新的输、进弹机构，以火药燃气为动力，自动拉动弹链通过进弹口，并依次抽出枪弹送入枪膛。

弹链的输、进弹机构是现代枪械的主要设计难点之一，其运动频率与枪械射频相同，通常能达到每分钟数百次甚至上千次。此外，其运动动作和结构都很复杂，包含众多异形件。即使是今天，

▼ 早期的弹链由帆布带和固定其上的金属片组成，枪弹夹在两个金属片之间的帆布带内

设计一套输、进弹机构仍然是一项十分困难的工作。而马克沁实现这一从0到1的过程仅仅用了一年时间！

▲ 正在安装中的MG08机枪的输弹机构（亮银色部分），真正的输弹机构并不只有这一个部件，而是包含协同工作的多个部件，其动作原理十分复杂

相较同一时期的同类产品，马克沁机枪已经展现出巨大的优势——单单是666发的容弹量（两组弹链），就足以让其他速射武器“自惭形秽”。更何况，单枪管、单弹膛的马克沁机枪相比转管、转膛机枪要轻巧、紧凑、易生产得多。

然而，解决了能源问题的马克沁机枪身上还绑着最后一道“枷锁”——黑火药。黑火药的燃烧性能不稳定、残渣多、比能小，无法作为自动武器稳定工作的“口粮”。这一问题在工业基础薄弱的国家表现得更加严重——清政府早在1888年就开始引进马克沁机枪的生产技术，但在实际使用中发现依赖黑火药枪弹的马克沁机枪性能并不理想，遂于1893年停产。

马克沁对黑火药的“拙劣”表现自然心知肚明，这显然难不倒他。1889年，他在英国申请了一项无烟火药专利。一年后，他的弟弟——哈德逊·马克沁又在美国申请了另一项无烟火药专利。尽管马克沁将无烟火药应用于机枪弹的时间已经无从考证，但此举无疑彻底解放了自动武器，使它所蕴藏的能量得以完全爆发。

▲ 哈德逊·马克沁是海勒姆·马克沁的弟弟，他一生研发了包括无烟火药在内的多种火药，被托马斯·爱迪生誉为“全美国最多才的人”。马克沁兄弟曾在英国共同研发无烟火药，但终因意见分歧而分道扬镳

1888年，马克沁机枪开始试装英国军队。直到1893年，也就是马克沁为自己的机枪换上了无烟火药枪弹后，英军正式决定以马克沁机枪全面替代加特林机枪。

而与此同时，枪械设计领域的保守派们正热衷于给李-恩菲尔德这样的栓

阿根廷军队装备的 1895 式 7.65mm 口径马克沁机枪。早期由马克沁本人设计的机枪数量少、型号杂、批次多，真正参加过大战、形成广泛影响力的，是以 MG08、维克斯为代表的所谓“第二代马克沁机枪”

动步枪加装弹仓隔断器，他们自然忘不了“揶揄”一下马克沁机枪：与其让机枪乱射一通，还不如训练一批神射手更有效。

实战最终证明了这些保守派的愚蠢。1893 年，在与非洲苏鲁士人的战斗中，一支 50 多人的英军部队，凭借 4 挺马克沁机枪，竟然击退了 5000 多名苏鲁士战士，并给苏鲁士军队造成了近乎恐怖的 95% 的伤亡率。马克沁机枪取得的惊人战果随即引发了全球性轰动。德国、沙皇俄国、西班牙等国都纷纷开始引进和生产马克沁机枪。在 1904—1905 年的日俄战争以及 1914—1918 年的第一次世界大战中，马克沁机枪更是表现出令人难以置信的实战威慑力——“让欧洲人自相残杀”的“预言”已经变成了现实。

需要说明的是，所谓的“马克沁机枪”实际上指代了马克沁发明的多型机枪，除常见的重机枪外，还有一只手就能提起来的轻量化小型机枪。尽管结构设计存在显著差异，但它们大多有一个共同的特点——采用了马克沁独创的自动方式——管退式自动方式。这一自动方式至今仍是枪械三大自动方式之一（另两个分别是枪机后坐式和导气式，有文献称三个自动方式均为马克沁所创）。马克沁机枪独到的枪管水冷系统至今还用在很多舰炮上，而其弹链和相关机构更是当代机枪的标配。此外，它在百余年前就轻松实现的 600 发 /min 的射速，今天看来依然可圈可点。

▲ 正在进行机枪试验的马克沁，周围聚集着大批兴奋、好奇的平民

▲ 马克沁提着自己设计的小型机枪。这种小型机枪的实用性虽不能与后来的轻机枪相提并论，但仍对枪械设计领域产生了很大冲击

更重要的是，马克沁机枪的整体设计完全契合了当时的工业加工水平：肘节闭锁机构的确显得“臃肿不堪”，但贵在易于加工和维护；水冷散热套虽然庞大笨重，但能有效且持续地给枪管降温，大幅降低了对枪管用高质量合金钢的性能要求；帆布弹链虽然定位不准，且被水浸湿后无法正常使用，但易于加工和批量生产，同时为现代金属弹链的诞生打下了坚实的实践基础。尽管以今天的视角来看，多数马克沁机枪的枪身和枪架设计都过于笨重，但就当时而言，其机动性已经大幅超越了多管、多膛类速射武器。

多少有些“傲娇”的马克沁为自己的机枪足足申请了900多项专利，表面上看，这似乎阻碍了相关技术的推广与革新，但实际上却起到了意想不到的积极作用——其他设计师为绕开马克沁的专利，不得不另辟蹊径，尝试开发其他自动方式和机构，客观上极大丰富了自动武器的种类和范畴，例如哈奇开斯公司推出的风冷散热机构和导气式自动方式，刘易斯发明的非弹链供弹机构（弹盘）和真正意义上的轻机枪。自动武器的发展道路因此变得越发宽广。

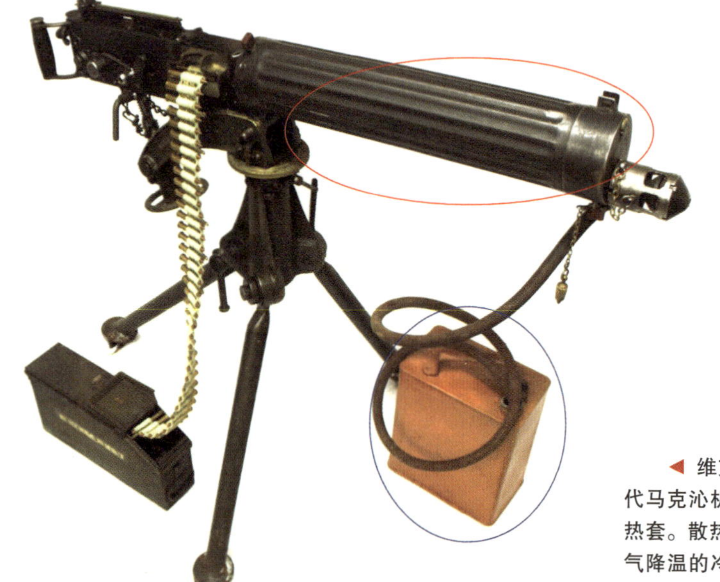

◀ 维克斯重机枪（即所谓“第二代马克沁机枪”），红圈处是其水冷散热套。散热套通过水管和一个给水蒸气降温的冷却器（蓝圈处）相连，使冷却水能循环利用

枪械说

马克沁的发明人生

马克沁的一生极富传奇色彩，除大名鼎鼎的马克沁机枪外，他的经典发明还包括卷发烙铁、车用照明灯、自动捕鼠器、自动灭火器和飞行器等，其中，卷发烙铁更是在当时掀起了一股时尚热潮。

▲ 马克沁与自己设计的蒸汽机，摄于 1884 年

也许是出于内疚，退休后的马克沁完全放弃了自动武器的研发工作，转而致力于设计过山车、旋转木马等大型电动游乐设施，并倾尽所得在英格兰黑池建立了世界上第一座游乐场。

1916 年 11 月 24 日，造成超过 100 万人伤亡的索姆河战役刚刚结束，马克沁，这位科学界的拓荒者，悄然离逝。如今，他发明的众多电气设备依然服务于我们的日常生活，他发明的众多游乐设施依然能带给孩子们欢乐，而他发明的自动武器，也依然在制造着血与泪的悲剧。

自动武器的概念

所谓自动武器，是指以火药燃气为动力，实现所有自动动作，完成半自动或全自动射击的武器。相比于依赖人力的速射武器，以火药燃气为动力的自动武器不需要单独的能源装置，结构简单且动力稳定、可靠。如今，除一小部分非自动步枪和电动转管、转膛武器外，绝大多数枪械都属于自动武器。

2.2 火力与机动的缠斗——烂在堑壕中的战争

1905年，日俄战争中的黑沟台会战（奉天会战的一部分）爆发。俄军远东司令尼古拉耶维奇·库罗帕特金断定，奉天西南约40km处的一个名为沈旦堡（三叠铺）的村子，是日军整条战线的薄弱点。库罗帕特金的判断非常准确，在这个方向上，日军仅有骑兵第一旅团的秋山好古部（约8000人）警戒宽大正面，兵力异常薄弱。

▲ 秋山好古在日俄战争中战功卓著，他被誉为日本骑兵之父，其所辖部队在中国参与了旅顺大屠杀，可谓罪行累累

此时的俄军有126个步兵营、162个骑兵连和439门火炮，足足11万人，在兵力上占有绝对优势。俄军不仅人数众多，还有质量优势——这162个骑兵连中，有大量骁勇善战、号称“世界最强”的哥萨克骑兵。此时的日军显然面临着日俄战争中“最大的危机”。

然而，这场战役的结局却出人意料——倒下的不是日军，而是俄军。日军在秋山好古指挥下，放弃使用传统的骑兵战术。官兵们纷纷下马，使用法国产哈奇开斯重机枪还击。骁勇善战的哥萨克骑兵在机枪的攒射下毫无招架之力，纷纷跌落马下，尸横遍野。依赖机枪的庇护，秋山好古以8000人的兵力，硬是顶住了11万俄军长达三天的攻势，直至援军赶到。战斗间隙，秋山好古的部下甚至靠收集哥萨克骑兵的战马来充饥。一位亲临前线的英国观察员更是在报告中不无调侃地感叹道：“当堑壕上架起机枪时，骑兵惟一能做的事就是给步兵做饭。”

日俄战争恰如第一次世界大战的预演，战争将变得前所未有的残酷和暴戾。同时，它也宣示了一次前所未有的转折：千百年来，广袤大陆上最为强大的机动作战力量——骑兵，已经被静态火力的新生代——机枪所超越，火力在与机动的缠斗中第一次占据了上风。

1916 年 7 月的索姆河战役中，德国人以平均每百米一挺马克沁 MG08 机枪的火力密度，向 40km 进攻正面上的 14 个联军师疯狂扫射。密如飞蝗的弹丸转瞬间便将成排的联军士兵击倒。短短十几个小时就有 6 万名联军士兵伤亡。同期的凡尔登战役中，不甘示弱的法国人用哈奇开斯重机枪猛烈还击。两次战役过后，交战双方的伤亡总人数超过了 200 万。整整一代欧洲人都倒在了重机枪的火舌下。当时还是一名德军下士的阿道夫·希特勒在日记中写道："我跪下来感谢上苍，为了我被允许活在这样的时刻。"这正是一个普通人在枪口余生后的真实感言。

英文版《武器装备百科全书》中写道："以马克沁机枪为代表的重机枪的出现，标志着一个时代的结束。从拿破仑时代起曾经使用过的战术，全部失去了作用。"拜机枪所赐，传承数百年的步骑兵战术渐成明日黄花。

数百年前，当火药"越过"崇山峻岭，现身欧洲大陆时，火力压倒了防护——身着铠甲的骑士在火器面前不堪一击，逐渐退出了历史舞台。而机枪诞生后，机动也被火力"踩"在了脚下。在火力超越机动的时代，士兵们冲锋时迎来的不再是敌人的利刃，而是倾盆而至的机枪弹，战争自然而然地进入了"慢节奏"的消耗状态。

▼ 一幅经典的第一次世界大战堑壕照片。缺乏加固结构的堑壕只是看似坚固、完善，一场大雨就足以让它变成烂泥沟

▲ 真实版《从军记》，两名士兵站在灌满泥水的交通壕中

人类被机枪硬生生地逼进了堑壕，这无疑是枪械诞生以来最为“显赫”的时刻。堑壕战的残酷其实并不在徒劳的冲锋，而在堑壕本身。大多数仓促修筑的堑壕看起来更像一道不足一人深的、混合着泥巴与脏水的阴沟。风餐露宿、缺乏基本卫生和医疗设施，甚至连腰都不能直起来，而士兵们往往要在这样的环境里困守数月。伴随士兵的，除了敌人随时可能发起的突袭所带来的巨大精神压力外，还有阴冷、泥泞的环境所带来的无助与焦躁。恶劣的卫生条件，使痢疾、斑疹伤寒、堑壕足和霍乱无时无刻不在侵袭着士兵们原本就不怎么强健的身体。

▲ **在泥地上艰难前进的加拿大辎重部队。恶劣的路况大幅减缓了步骑兵的行进速度，守在堑壕里手握机枪显然是更高效的选择**

联军士兵斯图亚特·克劳特回忆道：“大量尸体被遗弃在堑壕里，乌鸦啄食尸体的眼睛，老鼠爬到尸体上。这些老鼠个头很大，胆子也大得要命，它们对尸体并不陌生，肆意侮辱践踏。在我们经常作战的阵地，尸体成了堑壕的一部分。”一次挖掘堑壕时，克劳特甚至刨出了一具法国士兵的尸体。人间地狱！没有什么词比它更适合形容堑壕了。

在没有坦克和直升机，炮兵与步兵尚在摸索中协同的背景下，参战国只能不遗余力地提高直射火力——机枪迎来了只属于自己的黄金年代，技术与工艺革新驶上了空前绝后的快车道。凡尔登战役中，法军的一个机枪阵地被德军包围，阵地上只有两挺哈奇开斯重机枪。在10天时间里，这两挺哈奇开斯重机枪几乎一刻不停地倾泻着子弹，击退了德军无数次的冲锋。最终，每挺机枪都发射了超过75000发子弹，而且在战事结束后仍然能正常使用。

两挺哈奇开斯重机枪的表现堪称完美，即使是今天的重机枪恐怕也很难达到它们的水平。笔者曾经拆解过一挺美国M1919A4重机枪，它的做工甚至超过了我国于1981年定型的81式步枪，这正是对彼时各参战国机枪研发与生产水平的最佳佐证。

无论如何，堑壕战带来的无限僵持局面是任何人都不愿看到的。这样的战争毫无人性，更展现不出什么勇气和荣耀。为打破堑壕的封锁，为打破火力超越机动带来的绝望，一大批革命性武器装备诞生了，迫击炮、冲锋枪、坦克，以及真正具有防护价值的金属头盔纷纷登场。这些武器装备极大丰富了陆战装备体系，而以坦克为代表的机动火力平台，更是再次颠覆了地面战争的形态——火力与机动不再是难以兼得的对立面，地狱般的堑壕战也最终尘封在血与泪凝成的历史中。

然而，对人类而言，这到底是幸运还是不幸呢？

枪械说

堑壕与机枪

在多数战史研究者看来，僵持在堑壕中的战争，是火炮、铁丝网与机枪共同作用的结果。笔者以为，其中起到关键作用的无疑是机枪。相比机枪，火炮的杀伤力确实更强，但作为一种位于二线的曲射、非直瞄火力单位，受制于当时的观瞄、通信和校正手段，其对运动步骑兵的打击效果远不及身处一线的机枪。同时，受制于射速和生产装备数量，其火力密度也远不如机枪。正因如此，与其说是火炮与机枪共同造就了堑壕战，不如说是机枪“消磨”了步骑兵的机动性，而静态的堑壕又为火炮提供了舞台。

铁丝网更是如此。堑壕战中的铁丝网并非简单放在地面上，而是要打桩固定，有些桩基甚至深达数米。如果战线极不稳定，交战双方根本无暇去构筑有效的铁丝网。恰恰又是机枪“消磨”了步骑兵的机动性，让战线“停止”不动，铁丝网才得以发挥自己的价值。

2.3　转轮终结者——M1911 手枪

转轮手枪的历史地位，显然是由其性能特点决定的：在黑火药时代，它能在几秒钟内快速射出 5~7 发子弹。这傲人的爆发射速使它成为当之无愧的火力之王，直到 19 世纪末机枪诞生。

彼时，爆发射速具有极大的实用价值。例如，拓荒者们使用转轮手枪对付野兽时，不必担心第一枪打空后被野兽反杀；士兵们在落单和近距离战斗时，可以用转轮手枪为自己构筑最后一道防线；治安糟糕地区的市民们，可以将转轮手枪当作可靠的防身武器。

转轮手枪给那个时代的使用者带来了前所未有的安全感。人们甚至如此称赞现代转轮手枪之父塞缪尔•柯尔特：“上帝没能使人人平等，但柯尔特做到了。”如今仍屹立不倒的柯尔特、史密斯 & 维森、雷明顿等老牌枪厂，大多是靠着当年生产转轮手枪起家的。

▲ 转轮手枪转轮上的棘轮（红圈处）

转轮手枪迅速赢得了人们的信任，而信任逐渐造就了使用习惯，最终使人们陷入对它的依赖中。在这样的逻辑循环下，想要撼动转轮手枪的地位谈何容易。

那么，自动手枪何以在短短数年中就将转轮手枪这位巨人赶下神坛呢？这还要从转轮手枪的四个“死结”说起。

死结一：枪管（线膛）与弹膛的同轴度无法再提高。在转轮手枪的数百年发展历程中，人们一直试图解决一个问题——如何保证转轮（即弹槽，它是实际上的弹膛）内的子弹在旋转时对准枪管（线膛）。为解决这个问题，柯尔特在转轮手枪的转轮后部加装了一套棘轮机构，使扳机、击锤、转轮联动起来，并在转轮上刻槽定位。射手使用柯尔特转轮手枪射击时，只要压下击锤，转轮内的子弹就能自动对准枪管。相较“对准基本靠手”的老式转轮手枪，柯尔特转轮手枪反应更快、射速更高，真正意义上突破了实用性瓶颈。

然而，柯尔特实际上只是部分解决了这个问题——他发明的联动机构对加工工艺要求过高，量产后只能勉强保证制造精度。如果联动机构磨损或加工质量较差，则子弹往往未能对准枪管就会发射出去。如此一来，轻则使弹头与膛线间的摩擦阻力激增，弹头打不出枪管，导致弹头留膛事故，重则直接使枪管炸裂，危及射手生命。遗憾的是，1835 年后，再没有一个人在这个问题上迈进一步。

死结二：闭气不严。转轮手枪的转轮是要不断旋转的，因此转轮与枪管之间必然留有一定的间隙。射击时，有多达 40% 的火药燃气由这道间隙“偷偷溜走”，而不是去做功推动弹头加速运动。这样一来，弹头的威力自然难以保障。直接解决这一问题的方法至今也没有突破。

于是人们开始另辟蹊径，尝试加大子弹的装药量。因为即使漏气严重，只要装药量足够大，也能保证弹头具有足

▶ 柯尔特 1873 炮兵型陆军单动转轮手枪转轮上刻出的定位凹槽（红圈处），注意凹槽之间还有摩擦痕迹

▼ 一支发生严重留膛事故的史密斯 & 维森 .357 马格南转轮手枪

▲ 转轮手枪开火瞬间，可见火药燃气外泄严重

够的能量。但转轮的容纳空间毕竟有限，装药量的增多就意味着子弹体积的增大，这难免牺牲弹容量。为此，很多转轮手枪生产商只好将整枪放大。这就陷入了“面多加水，水多加面”的死循环，而越造越大的转轮手枪显然已经完全偏离了实用至上的正轨。

此外，一味加大装药量还极大增加了安全风险。转轮和枪管之间的漏气问题随着装药量的增加会进一步恶化，高速火药燃气的溢出量和传播速度都急剧增加。如果射手误将手指放到转轮与枪管间的间隙处，那么高速火药燃气就有可能直接将手指切断！

死结三：火力持续性不佳且死重大。转轮结构给转轮手枪带来了很高的爆发射速，但正所谓“成也转轮，败也转轮”。击发完所有子弹后，向转轮内再装填子弹的过程是十分繁琐的，持续时间往往长达十几秒，而且很难在移动过程中完成。对此，最直接的解决方法自然是尽量提高弹容量。但要增加弹容量，就必须增大转轮体积，转轮体积增大后势必使全枪尺寸和重量增大，这在严重牺牲便携性和隐蔽性的同时，又陷入了“水面”死循环。

此外，转轮要承受极高的膛压，因此不可能把它做得像自动手枪的弹匣一样又薄又细，这就给转轮手枪带来了减不下去的结构死重。

死结四：操作繁琐 / 扳机力大。单 / 双动机构诞生前，纯粹的单动转轮手枪需要射手手动压倒击锤，操作十分繁琐，而双动转轮手枪一直存在扳机力过大，操纵费力的顽疾。单 / 双动机构的出现在一定程度上解决了这个问题。在双动射击模式下，射手不必先压下击锤，只需扣动扳机就能完成所有击发动作，射击反应迅速，且携行安全性好，但是仍要面对扳机力较大的问题。而单动射击模式下，射手虽然仍要先压下击锤再扣动扳机，才能完成击发动作，但扳机力相对双动模式小很多，扣动扳机更省力，几乎不会影响瞄准动作，因此射击精度会更好。

▲ 如今的转轮手枪大多配有快速装弹器，但即使如此，其再装填速度和便捷性也远不如使用弹匣的自动手枪

▲ 诞生于 1893 年的博查特 C93 是世界上第一型实用化的自动手枪，但其硕大、臃肿的外形也体现出自动手枪发展初期的困境

看似“两全其美”的单 / 双动结构，实际上是顾此失彼——转轮手枪以爆发射速见长，但单动模式需要手动下压击锤，对爆发射速有很大影响。而双动模式尽管照顾了射速，但扳机力太大，会严重破坏瞄准动作，影响射击精度。

20 世纪初，以博查特 C93、毛瑟 C96、FN M1900、卢格 P08 等为代表的新式手枪初露锋芒，它们在结构上的先天优势，让几乎止步不前的转轮手枪渐渐失去了把握未来的机会。

与转轮手枪不同，这些新式手枪完全放弃了转轮机构，转而使用弹仓和弹匣供弹。与当时的机枪类似，这些手枪也能利用火药燃气能量自动完成抛壳、再装填等一系列动作，这使仍要靠人力完成转轮旋转、击锤下压等动作的转轮手枪相形见绌。

为区别于转轮手枪，这些新式手枪被冠以“自动手枪”之名。当然，这里的所谓“自动”，指的是自动装填，而非全自动射击，因此绝大多数自动手枪更确切地说都是“半自动”的。

尽管一经面世便已极大撼动了转轮手枪的地位，但处于“懵懂”时期的自动手枪仍显粗糙，在设计思路千奇百怪的同时，往往伴随着结构复杂、体积巨大、可靠性不佳、造价昂贵等问题，尚不足以彻底“击败”性能更稳定且保有量巨大的转轮手枪。

此时的自动手枪界，迫切需要一位打破僵局的“英雄”。

19 世纪末，在菲律宾南部的殖民战争中，美国陆军与当地的摩洛人爆发了激烈的武装冲突。摩洛战士在宗教信仰和麻醉药物的双重刺激下，深信自己能刀枪不入，作战异常勇猛。而驻菲美军的火力相对贫弱，无法有效阻挡摩洛战士的轮番冲锋，因此双方常常会陷入近身肉搏的状态。此时，0.38in 口径的柯尔特转轮手枪几乎成了美军士兵的最后一道防线。然而这种手枪的威力实在有限，往往要 3、4 发子弹才能彻底击倒一个摩洛战士。这直接促使美国陆军决定开发一种新型大威力手枪。

1911 年 3 月 3 日，美国陆军对参

▲ 勃朗宁设计的 FN M1903 手枪，其身上已经能看到 M1911 手枪的影子

▲ 笔者拆解过的 M1911 手枪，其设计水平完全超越了同时代产品

与新型大威力手枪竞标的样品进行了一系列试验。试验中，每把手枪都要射击 6000 发子弹，每射击 100 发后会冷却 5min，每射击 1000 发后会做简单维护并上油。打完这 6000 发后，再用一些有生产缺陷的子弹对每把手枪进行测试。最后还要将这些手枪浸泡在酸性液体或水、沙、泥的混合物中，使它们迅速生锈，再进行射击试验。

最终，枪械大师约翰•摩西•勃朗宁设计的自动手枪顺利通过了这次美国军队有史以来最严苛的枪械可靠性试验，其连续射击 6000 发子弹的纪录直到 1917 年才被打破。1911 年 3 月 29 日，这型自动手枪被正式选为美军的制式辅助武器，并被命名为“柯尔特 1911 型 .45 ACP”自动手枪。尽管参与试验的样枪往往是不计成本制造出来的，但 M1911 无疑创

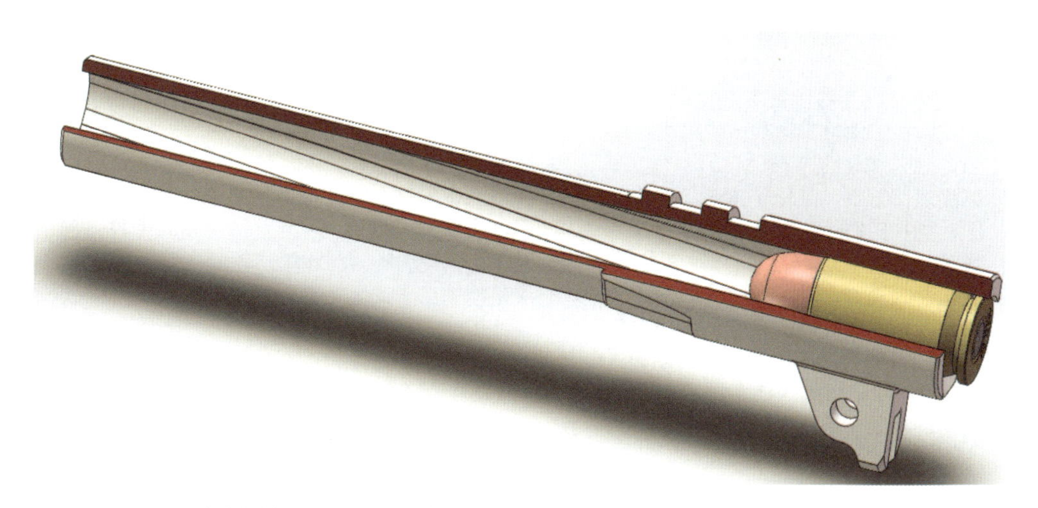

▲ M1911 手枪的枪管 1/4 剖视图，红色部分为剖面。M1911 枪管的线膛、弹膛为一体结构，子弹整体装入枪管，而不是像转轮手枪一样装入要旋转的转轮，因此气密性优越，闭气效果良好

造了历史。

M1911 将枪管（线膛）与弹膛合为一体，同轴度极高，完全避免了转轮手枪的闭气和安全性缺陷。其弹容量达到 7 发，使用弹匣供弹，射手只需 1~2s 就能换好新弹匣，完成再装填，其火力持续性相对转轮手枪大幅提高。更重要的是，M1911 的抛壳、压倒击锤、推弹上膛等动作均借助前一发子弹的后坐能量完成，射手每扣动一次扳机就能击发一发子弹，加之其扳机力较小，因此兼顾了较高的射速和射击精度，而不必像使用单 / 双动转轮手枪那样，要么在单动模式下牺牲射速，要么在双动模式下牺牲精度。

性能优异的 M1911 当然不可能仅凭一次试验结果就彻底取代转轮手枪。不过，20 世纪初的世界形势很快给了 M1911，甚至是整个自动手枪界一次千载难逢的机会——第一次世界大战。

在这场火力主导的战争中，传统步骑兵战术在堑壕和机枪面前通通丧失了优势，唯有夜幕掩护下的突击作战尚有一定效果，这恰恰使自动手枪得以大显身手。一方面，在狭窄、幽暗的堑壕中，过长、过重的步枪和机枪都不便于携带和使用。另一方面，由于堑壕中的交战距离过近，射速与火力持续性取代了精度，成为决定生死的关键。在冲锋枪出现前，相对转轮手枪拥有射速和火力持续性优势的自动手枪，自然成为突击部队的火力核心。

由此，原本配发给军官作为自卫武器的自动手枪，摇身一变成了主战武器。凭借极高的可靠性，M1911 的好口碑在

枪械说

M1911 的精英后辈：FN BHP 与 PP/PPK

M1911 手枪绝算不上完美，它的握把太大，不利于单手握持，而独特的铰链机构也导致其维护工作过于复杂，使用成本较高。

1935 年，流淌着 M1911“血脉”的 FN BHP 手枪诞生了。我们可以将它视作 M1911 的高度完善版：简化了工艺，优化了结构，生产和分解结合都变得更加简单；整枪更为纤细，握持较舒适；新设计的双排单进弹匣，弹容量达到傲人的 13 发，这也是其最具开创性意义的一点。严格讲，FN BHP 并非完全由勃朗宁设计。1926 年，勃朗宁因心脏病突发撒手人寰时，FN BHP 尚未正式定型。之后是他的弟子迪厄多内 · 塞弗，即大名鼎鼎的 FAL 步枪的设计师，完成了 FN BHP 的后续设计工作。

同时期的另一位佼佼者，德国人制造的小巧的 PP/PPK 手枪则成功移植了源自转轮手枪的单 / 双动机构，在引领了自动手枪“单 / 双动”潮流的同时，也彻底“抹杀”了转轮手枪的最后一点优势。

第二次世界大战结束至今，再没有国家的军队研制或大规模装备过新型转轮手枪（我国的 05 式警用转轮手枪例外）。手枪的设计制造完全转入了“自动化”的单行道。

短时间内迅速积累起来，甚至成了美国士兵眼中的救命稻草。要知道，在残酷的近战中，一把性能可靠的手枪带来的不仅仅是火力上的优势，更是心理上的安慰。很多美军士兵甚至纷纷自掏腰包购买 M1911，由此掀起了一股“军队流行文化”风潮。

经过第一次世界大战的洗礼，功成名就的 M1911 已经成为美军官兵心中的传奇，更在世界范围内产生了极大影响，深刻改变了各国军队的手枪研发与装备思想。这对“蹉跎”了百余年的转轮手枪而言无疑是致命一击。

战后，自动手枪成为手枪发展的绝对主流。苏联的 TT-30/33、比利时的 FN BHP、德国的 PP 和 P38、日本的南部等新一代自动手枪相继问世。此时的转轮手枪已经只能在一些辅助岗位上发挥“余热”了。以 M1911 为代表的自动手枪对转轮手枪实现了“弯道超车”，这恰能使我们感受到自动武器诞生初期所展现出的旺盛生命力与难以阻挡的发展势头。

▲ 第一次世界大战中的美军官兵合影，人手一把 M1911 手枪，其受欢迎程度可见一斑

2.4 打破堑壕的努力——MP18 冲锋枪

机枪崭露头角后，枪械设计师们顺理成章地萌生了研发一种更先进的单兵自动武器的想法。这种武器必须火力凶猛，能像机枪一样全自动射击。这期间诞生了以费德洛夫 M1916、勃朗宁 M1918 为代表的早期“理想单兵战斗武器”。

知道什么是正确的很容易，但知道怎么做是正确的往往很难。尽管这批早期“理想单兵战斗武器”都可以进行全自动射击，但实战效果却都不尽如人意——它们既没有如机枪般沉重厚实的“身板”，也没有机枪必备的三脚或两脚架，完全要靠士兵的“人力”来控制后坐力。而当时的步枪弹后坐力巨大，人力根本无法驾驭。因此这些全自动枪械

▲ 1936 年，一位 FBI 探员正使用勃朗宁 M1918 自动步枪（BAR）射击，注意该枪夸张的膛口制退器（红圈处），这是早期单兵自动武器后坐力巨大、难以控制催生的畸形设计

的连发精度都很差，实际火力根本无法达到预期效果，甚至被一些人调侃为“仅能精确命中地球”。

实际上，二十多年后诞生的突击步枪才是当时人们追求的所谓“理想单兵战斗武器”应有的模样。它后坐力可控、精度好，火力不逊于机枪，同时火力持续性好、机动性高。但遗憾的是，此时的枪械设计师们还没有领悟突击步枪的奥义。

在笔者看来，突击步枪的奥义——中间威力枪弹，绝非什么高不可攀的技术，因为它实际上几乎就是减装药（减少发射药装药量）的步枪弹。而它所谓的“创新”，也就在于用减小威力换来了人力可控的后坐力。无论从设计还是制造角度看，这恐怕都算不上什么超越时代的难题。

因此，对彼时的枪械设计师而言，也许只要有充裕的时间，只要下定决心不断尝试，中间威力枪弹和突击步枪的诞生就必然会大大提前，正如多年后美国突击步枪的研发跳过中间威力枪弹，直接跨入小口径时代一样。

然而，第一次世界大战的爆发几乎瞬间夺走了设计师们的“美好时光”。在机枪横行的堑壕战中，传统的步兵和骑兵冲锋，即使付出极大的牺牲，也仍然无法获得预期的战果。一切基于传统陆战武器的战术，在机枪的绝对火力优势面前都变得一文不值。

此时，唯有尽快开发出足以突破堑壕的“颠覆性”武器和战术，才能彻底扭转战争的局面。于是，英国人“不务正业”地搞起了铁皮拖拉机（坦克），而西线的德军则“发明”了突击队战术。

在突击队战术中，德军的突击队员们通常会在夜幕掩护下偷偷爬出堑壕，渗入敌军防线，先切断电话线和铁丝网，再用密集的手榴弹和近距离火力打击敌军的机枪阵地和指挥部，最后协同大部队发起进攻。在没有夜视设备、通信手段落后的情况下，这种战术取得了极大成功。

与此同时，也正是碍于通信和夜视手段的匮乏，突击队的规模往往很小，否则将难以指挥和行动。规模小，又要“干大事”，这就要求单兵作战效能，或者说单兵火力必须足够强。可当时却实在没有什么趁手的单兵武器可供突击队员们选择。

堑壕内十分狭窄，步枪的长度太长，突击队员携带这样的枪械连转个身都很难。更重要的是，堑壕内视野狭窄，又

▲ 堑壕战催生了不少充满奇思妙想的武器，潜望步枪就是其中之一。这种枪通过连杆和潜望镜操作，能避免射手暴露，但实际效能令人怀疑

多是极近距离的遭遇战，对射击精度几乎没有要求，因为胜利只会青睐火力更强的一方。显然，只能拉一下打一发的栓动步枪必定难堪大任。而当时的重机枪，最少也要一个2~3人的小组才能“伺候”得动，在一个人都举步维艰的堑壕里，要小组行动简直是痴人说梦。

于是，残酷的刚需催生了一些“赶鸭上架”般的“创新”。能半自动射击的手枪摇身一变，从辅助性自卫武器变成了主战武器。为获得更持久的火力和更高的效能，突击队员甚至给自己的卢格手枪装上了32发弹鼓和枪托。然而，说到底手枪也只能半自动射击，射手每击发一发子弹就必须扣动一次扳机，而不能像操作机枪一样，只要扣住扳机就能连续击发。

总之，突击队员们迫切需要一型可以单兵使用的、有效的高射速自动武器。

既然使用步枪弹的单兵自动武器发展困难，而现实对这种武器又有极其迫切的需求，那为什么不设计一型使用手枪弹的自动武器呢？手枪弹的膛压和后坐力都远远低于步枪弹，使用手枪弹的自动武器自然要比使用步枪弹的自动武器好设计得多。

时不我待，德国枪械检测委员会很快下达了招标书，要求研制一型使用手枪弹的新式自动武器，它要兼具重量轻、长度短、机动性好、能全自动射击的特点。很快，由伯格曼兵工厂的雨果·施迈瑟设计的新式自动武器，在击败了卢格公司的P08冲锋手枪和毛瑟公司的采用7.63mm口径毛瑟手枪弹的半自动卡宾枪后脱颖而出。

1918年，世界上第一型大批量生产的、能够有效进行全自动射击的单兵手持自动武器——MP18冲锋枪诞生了。经过一系列改进后，当年夏天，MP18 I型冲锋枪正式装备德军。

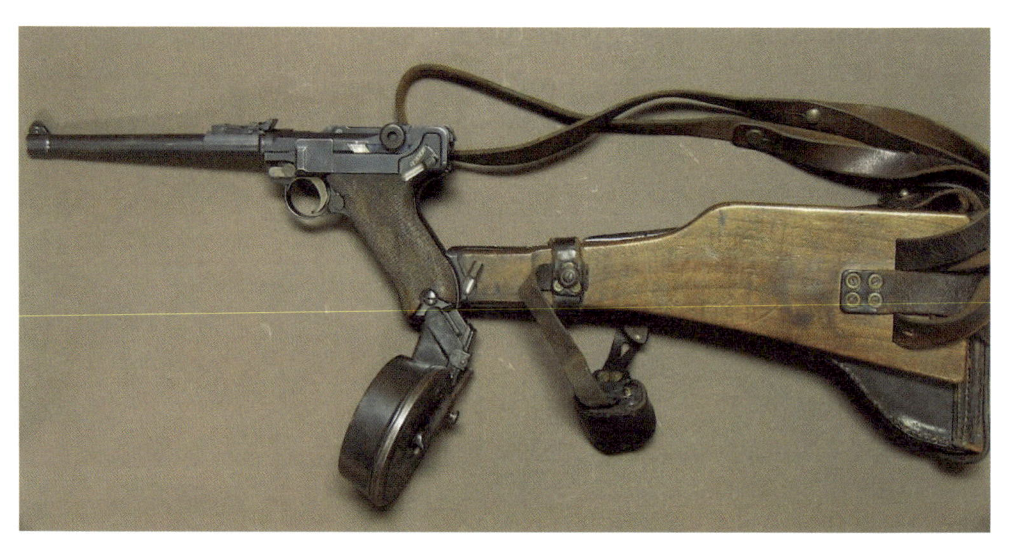

▲ 加装弹鼓和枪托的卢格P08手枪。在战争陷入堑壕僵持阶段后，到冲锋枪出现前的短暂时光中，原本身为辅助武器的手枪，第一次也是最后一次扮演了主战武器的角色

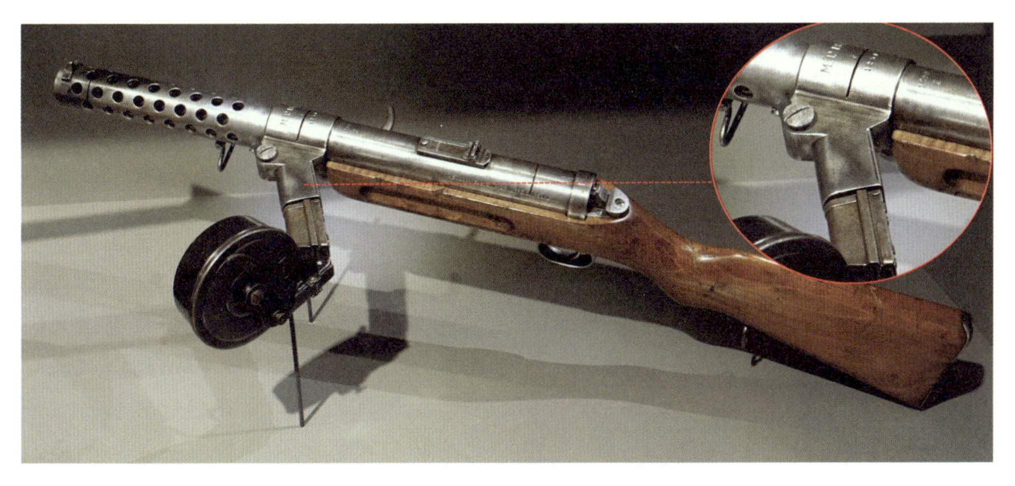

▲ 使用 P08 手枪蜗形弹鼓的 MP18 冲锋枪。为迁就蜗形弹鼓，早期型 MP18 的弹匣井（红圈处）为斜置，与枪身不垂直。这个巨大的弹鼓装弹困难、体积臃肿、成本高昂、可靠性不佳，是一个不得已的蹩脚设计

尽管这种使用手枪弹的自动武器仍显稚嫩，在射程、威力、精度方面都算不上完美，但作为第一种堪用的单兵自动武器，它的近距离猛烈火力完美契合了堑壕战的现实需求。温斯顿·丘吉尔在《第一次世界大战回忆录》中这样写道："德军发动了一次十分有力的反攻，首次运用了由少量优秀机枪手进行的渗透战术。"这里的"优秀机枪手"，指的其实是手持伯格曼 MP18 冲锋枪的德军突击队队员。

英军的 G.S. 哈奇逊中校，则在他的《机枪》一书中写道："进攻的德国人已经渗入了我们机枪阵地之间的空隙，我们在近距离遭到了机枪的猛烈射击，几乎要把我们撕成碎片。我们扑到地上，机枪子弹呼啸着贴着我们的耳朵横飞，有些子弹直接打到我们背后的帆布背包上。我们匍匐在地，十指抠着泥土，肚皮紧紧地贴住地面向远处爬行，以躲避猛烈的子弹。"这里的机枪指的也是 MP18 冲锋枪。

MP18 使德军如虎添翼，也让协约国士兵吃尽了苦头。不过，"先驱者"虽然践行了新的理念，但在实际使用中往往会暴露出意想不到的问题。战火中诞生的 MP18 在设计上不可能尽善尽美，其枪管外的散热筒，是照搬自机枪的典型特征，在设计上纯属多此一举，还加大了生产难度。其供弹具是源自卢格手枪的蜗形弹鼓，采用了侧置、斜置的形式，整枪重心偏左，射击时随着余弹量减少，会出现严重的重心偏移情况。此外，这种弹鼓还存在可靠性不佳、生产困难等问题。

当然，采用如此蹩脚的弹鼓至少并非设计师的本意。雨果·施迈瑟最初给 MP18 研制了一个 20 发弹匣，但遇到了技术瓶颈，一时难以投产。情急之下，德国枪械检测委员会强行让 MP18 改用卢格手枪的蜗形弹鼓。于是，MP18 的供弹具和枪管轴线的夹角也不得不改为与 P08

▲ 1918 年，法国北部，一名手持 MP18 冲锋枪的德国士兵

手枪相同的 55° 。更为大家所熟知的直弹匣款 MP18 冲锋枪直到第一次世界大战结束后才投产。

在笔者看来，MP18 在堑壕战中的风光无限对单兵自动武器的发展算不上一件好事，它显然在一定程度上固化了枪械设计师们的思维。经历了堑壕战的人们坚信下一场战争也必将陷入深池高垒的对峙中。于是，冲锋枪顺理成章地成为各国军队的宠儿。战争结束后，深受德军冲锋枪之苦的各协约国，一边加紧研制自己的冲锋枪，一边制订条约限制德国生产和装备冲锋枪。冲锋枪很快便与步枪并行，成为各国军队的主力单兵武器。

一时间，人们选择性地遗忘了冲锋枪作为“应急产品”登场的“本来面目”，满足于它“丰盈”的近距离火力，放慢了追寻理想单兵战斗武器的脚步。

尽管 MP18 使用的自由枪机和开膛待机原理深刻影响了后世的单兵自动武器发展，但遗憾的是，实践证明这是一种只适合“手枪弹 + 冲锋枪”组合的结构。很多当时的枪械设计师都误入歧途，开始因循着 MP18 的结构特点研制更“先进”的单兵武器，这显然是一条死胡同。实际上，身为“晚辈”的突击步枪在结构和原理上与 MP18 毫无相似之处。

但这似乎也恰恰可以解释，为什么第一型成功的突击步枪——Stg44，正是出自 MP18 之父——雨果·施迈瑟之手。作为 MP18 的缔造者，雨果·施迈瑟自然最清楚自由枪机和开膛待机原理的劣势，当其他设计师还在“吃透”MP18 的死胡同里挣扎时，他早已“悟道”，抛弃了 MP18 的窠臼，转而探索真正适合下一代单兵自动武器的新型结构。

冲锋枪的出现，意味着自动武器技术已经完全成熟。大到装备班、排的机枪，小到装备单兵、充当辅助武器的（半）自动手枪，再到装备单兵、充当主战武器的冲锋枪，自动武器可谓遍地开花。

使用手枪弹的冲锋枪射程太近、精度不佳，难以进行远距离精确射击，且杀伤力较弱，因此不可能取代传统栓动步枪。而突击步枪诞生后，冲锋枪的地位更是迅速下降，成了最“短命”的步兵主战武器。

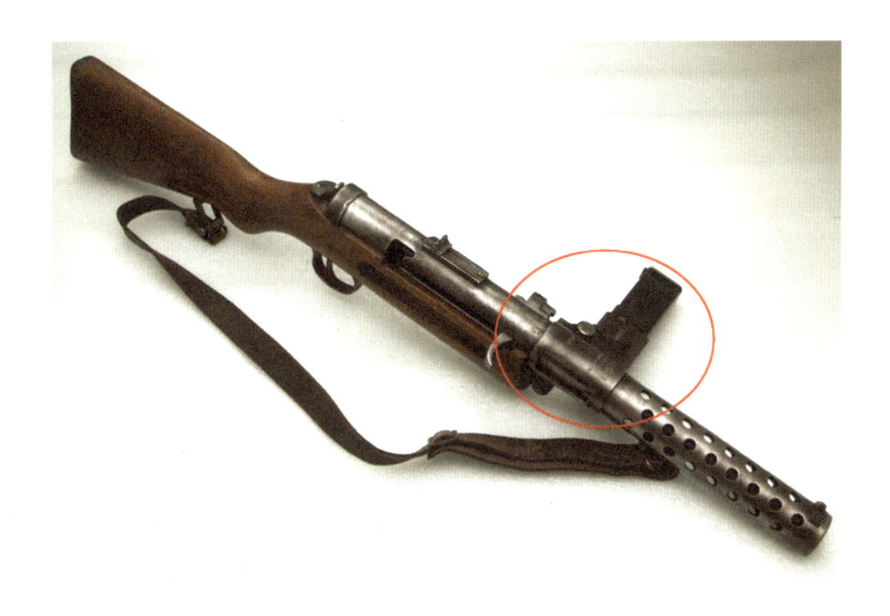

▲ 使用直弹匣的 MP18 冲锋枪，其弹匣井和弹匣（红圈处）已经与枪身垂直，不能使用卢格手枪的蜗形弹鼓

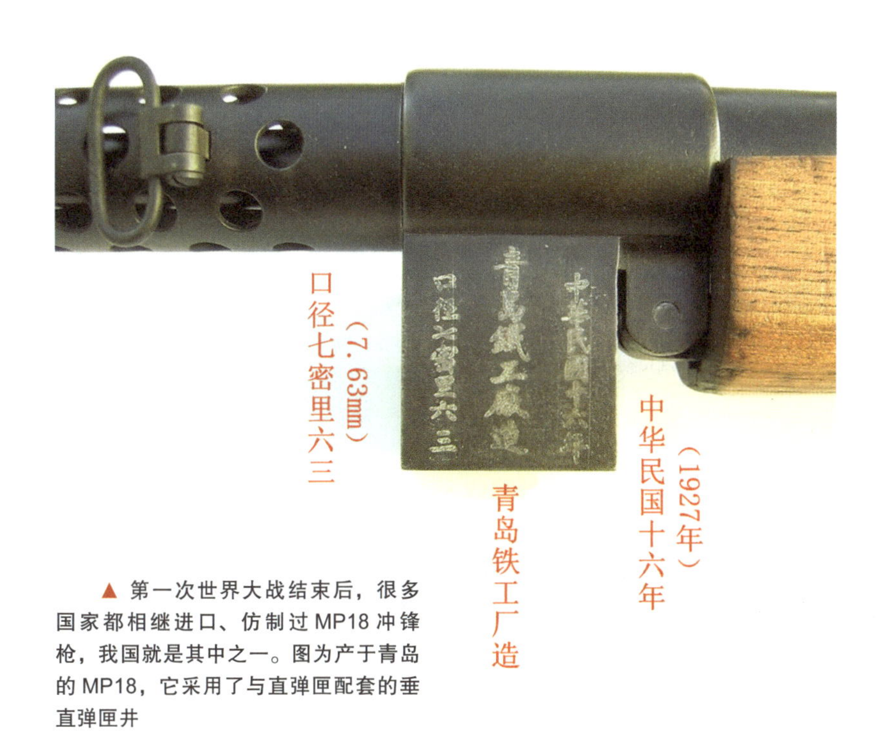

▲ 第一次世界大战结束后，很多国家都相继进口、仿制过 MP18 冲锋枪，我国就是其中之一。图为产于青岛的 MP18，它采用了与直弹匣配套的垂直弹匣井

枪械说

第一型冲锋枪

MP18冲锋枪并不是世界上第一型冲锋枪，这一殊荣应该属于意大利陆军上校B.A.列维里于1914年设计的维拉·佩罗萨M1915冲锋枪。该枪采用双管设计，发射9mm口径格利森蒂手枪弹，原本作为航空武器使用，双管射速可达2400发/min。然而，尽管其射速十分可观，但9mm口径格利森蒂手枪弹的威力却十分孱弱，就连对付第一次世界大战时的飞机都显得很吃力。为此，意大利军队转而将它配属给步兵，作为轻型自动武器使用，甚至还衍生出加装护盾的“小机枪”版。此后，该枪相继经历了加装枪托、双管改单管的升级。直到1918年，“继任者”伯莱塔M1918和OVP M1918冲锋枪问世，维拉·佩罗萨冲锋枪的“进化”之路才彻底终结。第一次世界大战中，奥匈帝国和英国都曾仿制过该枪。

▲ 维拉·佩罗萨M1915冲锋枪

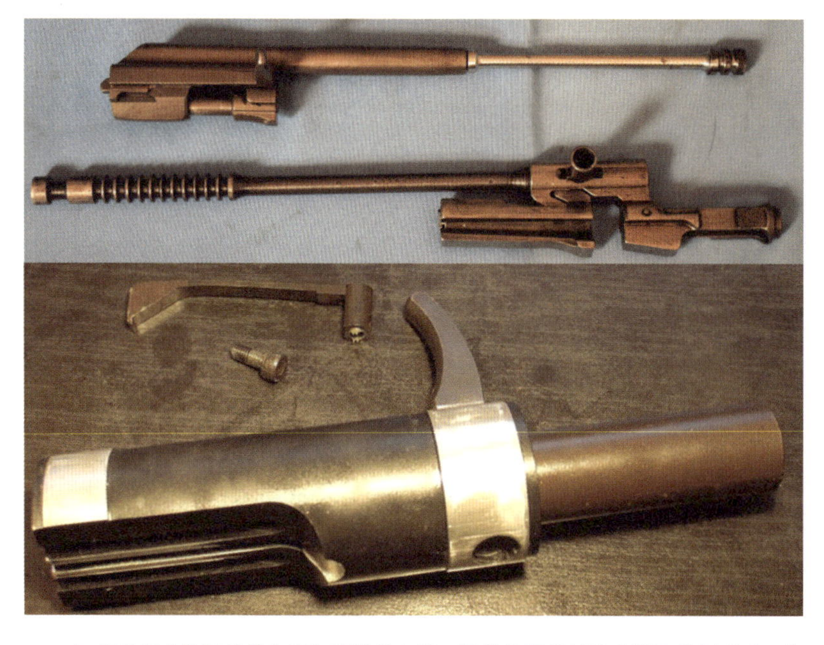
▲ 自动机（枪机组件）犹如枪械的心脏，最能体现枪械的血缘和传承关系，自上而下依次为AK47、Stg44、MP18的枪机组件，可见MP18与AK47、Stg44之间几乎没有相似之处

2.5　第一次世界大战中的经典枪械

从 1886 年勒贝尔步枪定型到 1914 年第一次世界大战爆发，人类进入到无烟火药时代已近 30 年。这 30 年间诞生了形形色色的抑或技术上具有革命性，抑或设计上天马行空的枪械。冲锋枪、轻机枪等新型枪械在这一时期经历了或由籍籍无名到盛极一时，或由异军突起到销声匿迹的曲折历程。

大多数人只看到舞台上精彩的表演，却看不到舞台下近乎残酷的竞争。尽管各国研发的试验性枪械不胜枚举，但真正得以走上战场并“青史留名”的型号却屈指可数。第一次世界大战时期的枪械整体呈现出“型号全面、产量不大”的特点。

如今在国内轻武器爱好者中，“武器考古”俨然成了一个热门话题，尤其针对诞生于第一次世界大战前后的那些稀有武器。然而，如果我们回归探究枪械发展规律这一相对严谨的话题，“考古”工作就必须经历一个“去其糟粕，取其精华”的过程，尽可能筛选出那些影响力相对较大，在设计理念上兼具开拓意义和实用价值的型号，聚焦于它们，去深入剖析其诞生背景和研发思路。以下，笔者筛选了几个具有代表性的型号，力求帮助读者朋友理清脉络，为进一步的研究打下基础。

机枪篇

刘易斯轻机枪

刘易斯轻机枪由美国陆军上校刘易斯于 1911 年设计，是第一次世界大战中影响范围最广、设计最为成功的轻机枪。刘易斯轻机枪之所以被称为轻机枪，源于其兼具了火力强、重量轻（13kg）、全长短（1280mm）、机动性好的特点，与传统的体积巨大、几乎无法机动的马克沁或哈奇开斯等重机枪有很大区别。

刘易斯轻机枪与步枪一样带有枪托，可进行抵肩射击。这使其射击动作与步枪相似，射手不会像操作重机枪那样“引人注目”。尽管实战中往往会有多名士兵携带供弹具（弹盘），但刘易斯轻机枪确实只需要一名士兵就能完成全部操作。

刘易斯轻机枪也存在一些设计缺陷。首先是其散热筒体积很大，实际效能却很差。其次是其供弹具——弹盘设计不合理，在泥泞环境中很容易发生故障。当然，瑕不掩瑜，其制式弹盘的弹容量高达 47 发（大弹盘为 97 发），同时外形小巧，这赋予刘易斯轻机枪较强的火力持续性和机动性。此外，刘易斯轻机枪还装有两脚架，射手架起两脚架射击时，稳定性和精度都得以大幅提高，在弹盘内余弹量充足的情况下，

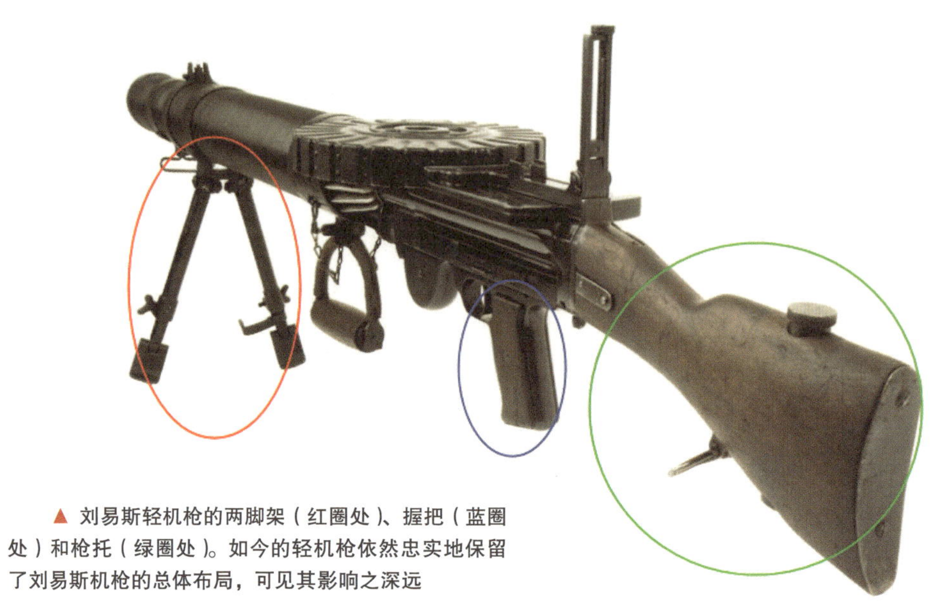

▲ 刘易斯轻机枪的两脚架（红圈处）、握把（蓝圈处）和枪托（绿圈处）。如今的轻机枪依然忠实地保留了刘易斯机枪的总体布局，可见其影响之深远

◀ 刘易斯轻机枪的弹盘。这种“开口”弹盘对污垢十分敏感，实际上并不适合当作步兵武器的供弹具

火力与当时的重机枪相比完全不落下风。

性能优异的刘易斯轻机枪并没有第一时间大批量装备美军部队——当时的美国奉行中立政策，对新式武器兴趣并不大，反而是英国和比利时对其青睐有加。德军士兵甚至给刘易斯轻机枪取了个“比利时响尾蛇”的绰号。

随着刘易斯轻机枪在第一次世界大战中扬名立威，轻机枪的概念也逐渐被多数国家所接受。这些国家要么直接采购刘易斯轻机枪，要么开始研发与刘易斯轻机枪具有相同定位的新式机枪。战后，以 ZB-26（捷克式）为代表的一大批轻机枪，正是在刘易斯轻机枪的影响下诞生的。

当然，刘易斯轻机枪并不是第一次世界大战期间唯一的轻机枪。同一时期具有一定影响力的，还有法国研发的绍沙机枪，但苦于设计上的严重缺陷，它最终落得个“一战最差机枪”的名号。此外，丹麦的麦德森机枪也有一定的装备规模，而且性能相对绍沙机枪优越许多。但由于丹麦作为中立国没有直接参加第一次世界大战，麦德森机枪在战争中的“参与程度”十分有限，影响力自然远不如刘易斯轻机枪。

此外，一些国家还对重机枪进行了尽可能的“轻机枪化”改进。例如德国为 MG08/15 机枪加装了两脚架和枪托，法国则在哈奇开斯重机枪的基础上推出了带有迷你三脚架和枪托的哈奇开斯 M1909。但这些机枪仍使用弹链或弹板供弹，在堑壕中的可靠性堪忧，机动性更是无法与真正的轻机枪相比。

▲ 1917 年，正在测试刘易斯轻机枪的美国海军陆战队士兵。这一时期，美国人设计的枪械大多由欧洲制造，再出口到美国

“马克沁风格”重机枪

第一次世界大战中的所谓“马克沁机枪”，实际上大多已经不是由马克沁本人设计，而是由各国设计师在马克沁设计的基础上改进而来的，都属于“二次开发产品”。在这些“二次开发产品”中，MG08 机枪是较为“正统”的马克沁机枪，而施瓦茨洛泽机枪和列维里机枪则属于高度“变异”版。但无论哪个国家改进、生产的马克沁机枪，都跳不出马克沁机枪的框架，多少都保留了一些典型的“马克沁特征”，例如巨大的水冷散热筒、弹链供弹、肘节闭锁机构等。

有关当时各国装备马克沁机枪及其衍生型的情况，国内一直缺乏详细的统计文献。笔者在右表中对第一次世界大战前后各国装备的“马克沁风格”重机枪进行了粗略梳理。

各国装备的“马克沁风格”重机枪

国家	枪　型
英国	7.7mm 口径维克斯
德国	MG08
美国	M1904、改型维克斯、M1917
沙皇俄国	M1910
奥匈帝国	施瓦茨洛泽
意大利	列维里

▲ 俄国人热衷于使用轮架式枪架，他们装备的“马克沁风格”M1910 重机枪也具有这一特点。M1910 散热筒上方设计有一个大盖子，打开盖子可以直接塞入雪块进行冷却

“哈奇开斯风格”重机枪

第一次世界大战期间，唯一能与马克沁机枪一较高下的重机枪就是哈奇开斯机枪。实际上，哈奇开斯机枪并非出自哈奇开斯之手——哈奇开斯本人于 1885 年去世，型号繁多的哈奇开斯机枪是由哈奇开斯公司推出的。

在国内，“哈奇开斯”一词通常也译作“霍奇开斯”或“哈齐开斯”。“哈奇开斯”指的并不是一型机枪，而是一个庞大的机枪家族，包含 M1909、M1897 等众多型号，基本都是重机枪。“哈奇开斯风格”机枪与“马克沁风格”机枪的典型差异主要体现在两方面：其一是采用了气冷设计，而非马克沁的水冷设计，依靠枪管外的大型散热片散热；其二是使用弹板供弹，而非马克沁的弹链供弹。

如今，“哈奇开斯风格”机枪所采用的弹板和大型散热片设计早已被淘汰，“马克沁风格”机枪的弹链设计却依然是机枪的标配。尽管如此，众多“哈奇开斯风格”机枪在设计上仍不失为成功典范，凭借扎实的做工和过硬的质量，在与“马克沁风格”机枪争相斗艳的同时，极大推进了自动武器的发展。

▲ 施瓦茨洛泽机枪（左）和列维里机枪（右）。两者都采用半自由枪机自动方式，其中列维里机枪甚至放弃了弹链改用桥夹供弹。尽管外形与传统马克沁机枪很相似，但它们的内部结构实际上已经高度异化了

▼ 1918 年，一组操作哈奇开斯 M1914 机枪的美军士兵，注意枪管上硕大的散热片（红圈处）

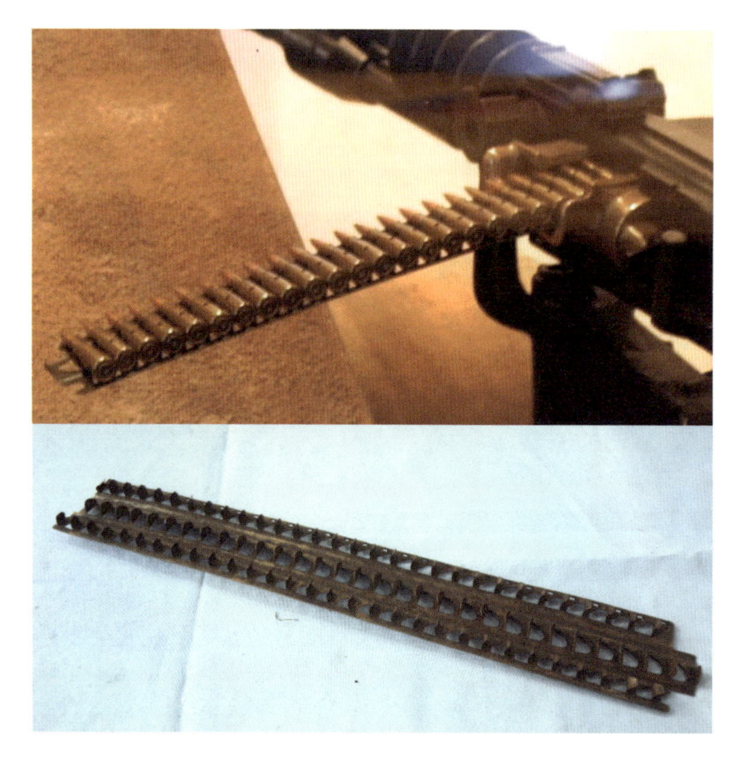

◀ 哈奇开斯 M1914 机枪的弹板（上）与笔者实拍的、疑似为侵华日军机枪的弹板（下）。当时，相较于帆布弹链，弹板具有定位准确、生产一致性好等优点

手枪篇

第一次世界大战前，自动手枪界涌现出博查特 C93、毛瑟 C96、卢格 P08、斯太尔 M1912 等著名产品。这其中，真正造成深远影响的，无疑是装备规模庞大、功能齐全的勃朗宁手枪。

勃朗宁手枪

身为美国人的勃朗宁与本国枪械公司的合作并不顺利，他设计的很多手枪都由比利时 FN 公司负责生产和销售。从产品的角度看，也许正是勃朗宁成就了 FN 公司。

与马克沁机枪和哈奇开斯机枪一样，“勃朗宁手枪”指的也不是一型手枪，而是一个庞杂的手枪家族，仅在第一次世界大战期间，就存在 FN M1900、柯尔特 M1900、

FN M1903、柯尔特 M1903、FN M1906、FN M1910 等诸多型号。这其中，既有以 FN M1900 和 FN M1903 为代表的全尺寸大型手枪，也有以 FN M1906 为代表的袖珍（小型）手枪和以 FN M1910 为代表的中型手枪。这些手枪的鲜明特征是都采用了套筒结构，而口径、原理等其他要素不尽相同。

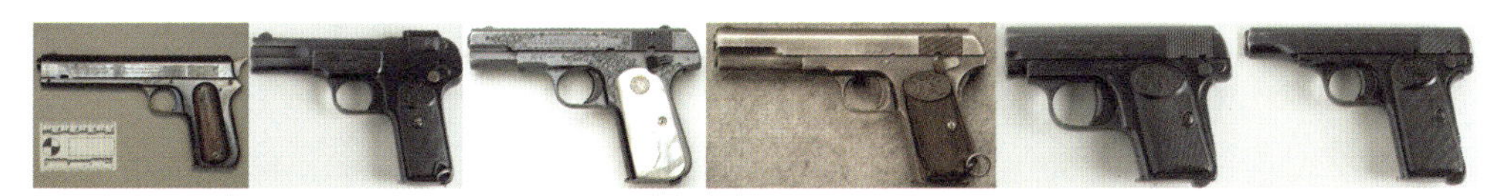

▲ 从左至右依次为柯尔特 M1900、FN M1900、柯尔特 M1903、FN M1903、FN M1906、FN M1910

当时的卢格 P08、C96 等手枪，都采用枪管外露设计，而勃朗宁手枪不同，它采用了以套筒包裹枪管的设计。这种设计有很多好处，除外形讨喜外，套筒作为枪管和复进簧的封装外壳，具有很好的密封作用，不易进污垢。此外，拉套筒上膛的动作十分顺手，不易被夹伤。这显然要优于卢格 P08、C96 的枪管外露设计，目前已经成为手枪设计的绝对主流。

勃朗宁手枪采用弹匣供弹，而非 C96 和斯太尔 M1912 的“固定弹仓 + 桥夹”供弹组合，使用更方便，如今这也是所有手枪的标配。继 FN M1910 之后，勃朗宁又研制出 M1911 手枪。1935 年，他的弟子研制出 BHP 手枪。至此，手枪全面走进了“勃朗宁时代”。

▲ M1911A1 手枪（上）与 P08 手枪（下）的外形对比，P08 手枪枪管外露，而 M1911A1 的套筒可以包裹住部分枪身，起到密封作用，此外其内部空间大，可安置更粗壮的复进簧

值得一提的是，1914 年 6 月，塞尔维亚青年加夫里若·普林西普刺杀奥匈帝国皇储斐迪南大公夫妇所用的凶器，正是一支 FN M1910 手枪。

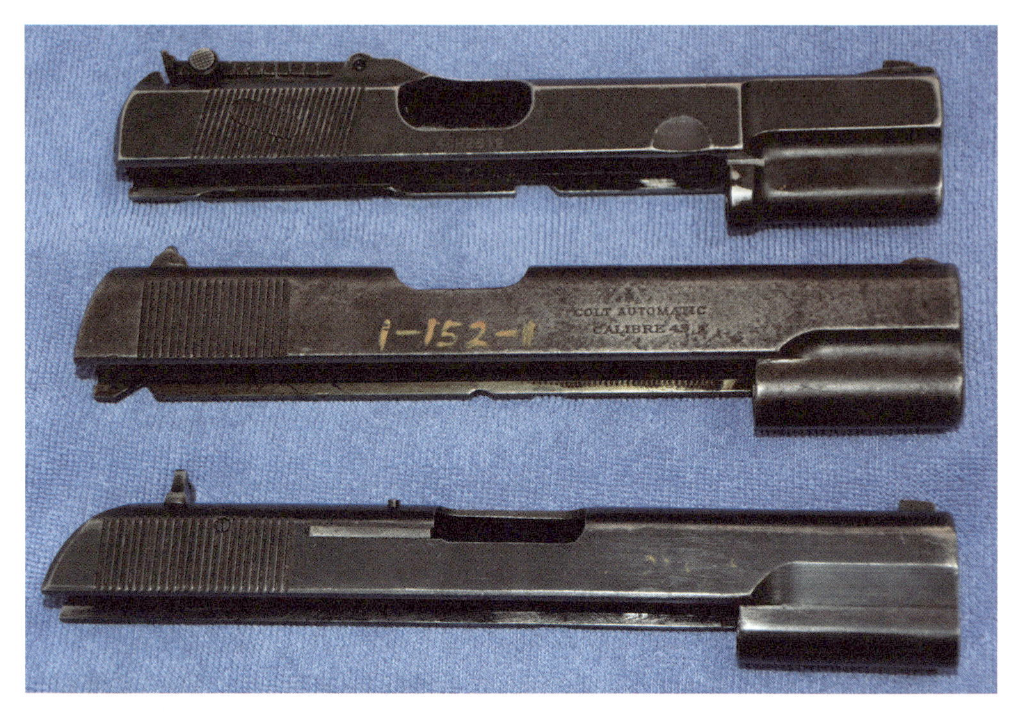

▲ 自上而下依次为 BHP、M1911、54 式手枪的套筒

▲ 后人绘制的刺杀现场图，有意思的是，无论哪个版本，刺客所用的手枪长得都不像 FN M1910 手枪

毛瑟 C96 手枪

作为知名度较高的早期自动手枪，毛瑟 C96 的最大特点，是木质枪套 / 枪盒 / 枪壳能驳接在握把上作枪托用。它因此在我国得名“驳壳枪”，在国外则因枪托外形酷似扫把而多被称为“扫把柄”。与大多数同期手枪相比，C96 的体积、重量明显过大，且采用与同期步枪一样的固定弹仓设计，需要用弹夹 / 桥夹装填，使用非常不便。当然，即使如此，C96 的便携性仍然要好过同期的步枪和冲锋枪。同时，由于能驳接枪托，实现有效的抵肩射击，其整体效能超过一般手枪。C96 后期还衍生出能全自动射击的型号，改用大容量弹匣，加之能驳接枪托，成为一型相对有效的冲锋手枪，对此后的冲锋手枪，例如苏联 APS 手枪的设计产生了重要影响。

▲ 驳接枪盒的毛瑟 C96 手枪，可见其木质枪盒明显较长

◀ 桥夹处于插入状态的毛瑟 C96 手枪，其弹容量为 10 发，而同期手枪弹容量多为 7~8 发

第 3 章　廉价化与通用化

第一次世界大战结束后，武器装备发展一度步入了一段“刀枪入库，马放南山”的闲暇时光。但轻重机枪和冲锋枪的重要性已经深入人心，各国新式机枪、冲锋枪的研发与生产工作仍在有条不紊地推进着，枪械家族仍然堪称“人丁兴旺”。

直到第二次世界大战爆发，在愈发成熟的新生代陆战武器的冲击下，枪械迎来了一次史无前例的量与质的“双变”。在廉价化与通用化的大势之下，传统枪型被大量淘汰，“三枪”并行的格局被彻底打破，枪械开始了“自我革命”。如今依然活力无限的突击步枪和通用机枪便诞生于这一时期。

3.1 生不逢时的理想单兵战斗武器——费德洛夫 M1916 自动步枪

▲ 1900 年，时年 26 岁，意气风发的费德洛夫

设计 M1916 之初，费德洛夫就已经意识到，既有的全自动步枪难堪大任的根本原因，是传统步枪弹巨大威力所“附带”的巨大后坐力，使射手在全自动射击时根本无法控制枪械，导致连发射击时毫无精度可言。要想赋予全自动步枪真正的实战价值，而不是止步于单纯的“倾泻子弹”功能，就必须大幅减小后坐力。在结构性突破的可能性微乎其微的情况下，减小枪弹威力成为减小枪械后坐力的唯一可行途径。换言之，换用威力略小的枪弹，才是全自动步枪的发展正道。这一设想显然与后来的中间威力枪弹不谋而合。

然而，纵观当时各国的步枪弹，无论是俄国的 7.62×54mmR 口径弹，还是美国的 7.62×63mm 口径弹，抑或德国的 8mm 口径毛瑟弹，都属于全威力枪弹，在后坐力上属于同一梯队。固执地依托这些枪弹来研发所谓全自动步枪，催生的只能是加装了两脚架或三脚架的“单兵机枪”。

▲ 6.5×50mmSR 口径有坂弹（中）、英国 .303 步枪弹（左，7.7×56mmR）、美国 7.62×63mm 口径步枪弹（右）对比。当时，6.5mm 口径有坂弹尽管相对而言“个头小、威力小”，但仍属于全威力枪弹

最终，费德洛夫为新式全自动步枪（即 M1916）选择了日本的 6.5×50mmSR 口径有坂步枪弹，因为它发射时的后坐力与同期其他步枪弹相比要小一些。不过这似乎也预示着这个即将诞生的新产品，无论在设计理念上有多么超前，都不太可能成为那个时代的颠覆者。

费德洛夫特意为 M1916 设计了一个 25 发的大容量弹匣，一个可切换单、连发的快慢机，以及一个位于护木下部的小握把。同时，他将全枪长控制在 1055mm，空重也只有 4.4kg，比后来的汤姆逊冲锋枪还要轻。这些设计相当大胆，很多方面甚至与二十年后问世的突击步枪如出一辙。

此外，费德洛夫还是枪族概念的开创者。要用一型枪全面取代栓动步枪、机枪等多种枪械是不现实的，费德洛夫当然意识到了这一点。但他认为，如果能在一型枪的基础上，通过换装满足不同任务需求的零部件，衍生出一系列“变种”枪，形成一个“全能枪族”，无论从技术可行性还是实用性角度看，都是更为现实的路径。枪族化枪械的最大特点就是大部分零部件都能实现族内通用，起到简化生产、后勤和训练工作的作用，这无疑是意义非凡的创新。

6,5-мм ручной пулемет системы Федорова — Дегтярева, опытный образец 1921 г.

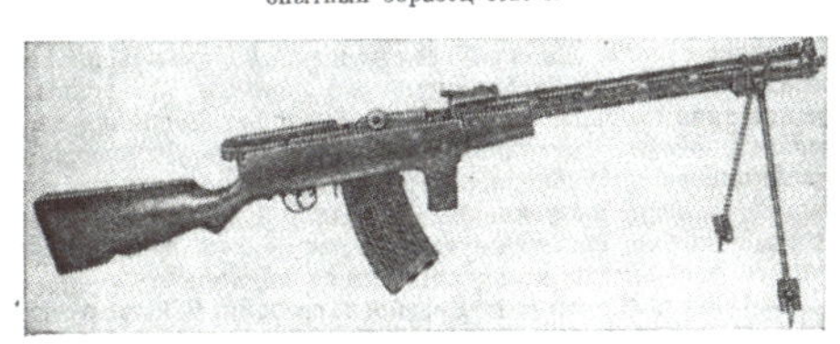

6,5-мм ручной пулемет системы Федорова — Дегтярева, опытный образец 1922 г.

6,5-мм ручной пулемет системы Федорова — Дегтярева с водяным охлаждением, опытный образец 1922 г.

▲ 费德洛夫 M1916 的三种衍生型号，其枪族化设计理念已经非常清晰

▲ 直到 1939—1940 年的苏芬冬季战争中，苏联军队仍装备有一定规模的 M1916 自动步枪，但大多是为消耗库存

遗憾的是，6.5mm 口径有坂弹的后坐力还是太大了，士兵实际使用 M1916 进行连发射击时的精度依旧不理想。同时，由于枪管较短，M1916 的枪口初速只有 654m/s，这一指标与同期栓动步枪相比毫无优势可言，其弹头杀伤力甚至远比不上“本土兄弟”莫辛 - 纳甘步枪。最终，碍于结构复杂、成本高昂、部队不适应等诸多问题，M1916 的总产量定格在可怜的 3200 支（也有资料称 42400 支）。

M1916 的失败，从根本上看当然要归咎于有坂弹，但放眼大环境，生不逢时也许才是它的致命伤。1916 年不是 1946 年，即使费德洛夫彻底解决了初速和后坐力问题，M1916 也不见得能在堑壕战中占到重机枪阵地的便宜。不要忘了，1916 年时的陆军装备体系还相对简单，步骑兵即使已经有明日黄花之势，也仍然是大陆战的主宰，枪械无疑是作战装备中的绝对主力。在枪械射程内，其他武器还是一片空白。换言之，从需求角度看，此时枪械的发展趋势，并不是化繁为简的通用化，而恰恰是因地制宜的专业化，用“专业”的枪干“专业”的事。如此一来，M1916 原本最“闪亮”的枪族化设计就显得非常不合时宜。

随后的枪械发展路径显然也证明了这一点。第一次世界大战中，冲锋枪大显神威，专用轻机枪崭露头角，反坦克步枪（战防枪）初露峥嵘。战后，栓动步枪、冲锋枪、轻机枪三枪并行的装备编制方式迅速成为主流，就连俄国军队自己也同时装备了 DP 轻机枪、SG43 重机枪和大量冲锋枪。枪械装备序列没有如费德洛夫想象的那样化繁为简，反而是越发复杂化了。

到了第二次世界大战初期，枪械的多样化、专业化之路达到了巅峰。栓动步枪、冲锋枪、轻机枪、重机枪，同时成为各国军队的制式步兵装备。其中，重机枪由于体积和重量太大，难以携行机动，无法配发到单兵一级，只能以班组为单位使用，因此装备数量相对较少。而其他三种枪械，都是配发到单兵一级，产量和保有量庞大，成为无法替代的主力武器。笔者将这个传统栓动步枪（有些国家为半自动步枪）、轻机枪、冲锋枪并行装备的时代，定义为“三枪并行时代”。

在“三枪并行时代”，苏联军队装备了“莫辛 - 纳甘步枪 +DP 轻机枪 +PPSh41/PPS43 冲锋枪”的组合，英国军队装备了“李 - 恩菲尔德步枪 + 布伦轻机枪 + 司登冲锋枪”的组合，而美国则将半自动的 M1 加兰德步枪 /M1 卡宾枪、BAR（实际上充当了轻机枪）、汤姆逊 /

▲ 电影《拯救大兵瑞恩》剧照，这个救援小队很好地还原了当时美军“BAR（红圈处）+M1 步枪 / 卡宾枪（黄圈处，图中被人遮住，但剧情中存在）+ 汤姆逊冲锋枪（蓝圈处）”的“三枪并行”编制方式

M3 冲锋枪组合使用。其他国家也大都效仿这一装备编制方式，费德洛夫畅想的枪族化理念似乎已经全无踪影。

如此繁杂的装备体系自然导致了生产、训练和后勤体系的高度复杂化，装备成本的大幅增加已经使很多国家苦不堪言。于是，各国纷纷开始了对枪械的廉价化改造。

在笔者看来，廉价化既是枪械技术进一步成熟的标志，但同时也是枪械地位开始下降的标志。

伴随着坦克装甲车辆、单兵火箭筒等新式陆战武器的大规模应用，原本只能依靠枪械完成的任务，已经有了更多、更好的选项，而枪械的有意义射程被迅速压缩到了区区 400m。此时，仍旧装备琳琅满目的专用枪械自然是最不划算的选项。

于是，枪械的通用化终于迎来了曙光。传统的两种、甚至三种枪械开始简化、统一为一种通用枪械。轻、重机枪逐渐被通用机枪取代，兼具冲锋枪、栓动步枪、轻机枪特点的突击步枪逐渐成为主力单兵武器。

费德洛夫是幸运的，他活到了 1966 年，亲眼见证了 AK 突击步枪和 PK 通用机枪的大规模列装和枪族化的巨大成功。身为枪械设计师，最大的欣慰也许莫过于看到自己超前的设计理念在后人手中成为现实。

3.2 精于心简于形——MG34/42通用机枪

第一次世界大战后的德国，如同一个“受迫修行的僧侣”，既为失去诸多武器的“使用权”而心有不甘，又不得不在《凡尔赛合约》面前畏手畏脚。然而真实的欲望永远不会消失，最终，德国人的“强军梦”乘着民粹主义的快车走上了不归路。

机枪恰是一个典型的缩影。1930年，一型名为MG13的轻机枪正式装备德军。作为一型由老式德莱赛M1918机枪改进而来的“半新”产品，MG13天生就是不完美的，但这并不重要，它更像是德国人的一次宣泄和试探，它向世人宣告，德国将以此为开端，在武器研发领域卷土重来。

民粹主义是狂热的，而枪械设计需要冷静的头脑。这当然也是德国人的一贯风格。MG13采用了外形不那么显眼的的气冷形式，相对保守的改进方案确保了较高的可行性，更重要的是不会过分刺激英、法这些老对手们的神经，但缺陷也是不言而喻的——气冷机枪的“死结”是枪管冷却效率较低，火力持续性远不如水冷机枪，这显然无法满足德军的“狂热”需求。

好在德国设计师们最终找到了一个巧妙的解决方案——为MG13设计可快速更换的枪管（注意这并非MG13的原创设计），以更换枪管的方式来解决散热问题。MG13没有走上加装水冷散热筒的老路，因此体积和重量都得以维持在相对“纤巧”的状态，同时拥有了能让德军满意的火力持续性。就这样，颇有“争气工程”色彩的MG13极大鼓舞了德国设计师和民众的信心。

破解了气冷机枪的“死结”，德国机枪的发展自此一帆风顺。将MG13的可更换式气冷枪管设计列为“保留项目”后，欣喜若狂的德国设计师们开始

▲ MG13轻机枪采用25发弹匣或75发弹鼓供弹，这也在一定程度上限制了其火力持续性

验证更为大胆的设想。1936 年，一型由毛瑟和莱茵金属公司设计的新式机枪开始列装德军。不同于“旧瓶装新酒”的 MG13，这型名为 MG34 的机枪采用了“脱胎换骨”式的全新设计，是世界上第一型大规模服役的通用机枪。

所谓通用机枪，在当时算得上一种全新概念。简单来说，它是重机枪与轻机枪的结合体，既有轻机枪样式的枪托、握把和两脚架，能由单兵携行和操作，又能像重机枪一样使用弹链供弹，安装在三脚架上射击。以一种机枪取代原本型号繁多的轻、重两种机枪，在满足几乎全部需求的同时，还有利于简化生产流程、降低生产成本、降低后勤和训练难度，这显然是一笔非常划算的买卖。

不过，将轻重机枪“合体”的想法并不算新鲜。早在 MG34 诞生前，各国枪械设计师就在抑或“轻机枪改重机枪”，抑或“重机枪改轻机枪”的道路上探索良久了，只不过两条路走得都不算顺利。

第一次世界大战末期，德国人就对 MG08 重机枪进行过“紧急”改装，通过加装两脚架、枪托和握把来充当轻机枪。但这型名为 MG08/15 的机枪只能算“重改轻”思路催生的“应急产品”，实际使用效果并不理想。而在另一条道路上，丹麦人也曾尝试给麦德森轻机枪配上三脚架，扮演重机枪的角色，但使用效果同样令人失望。

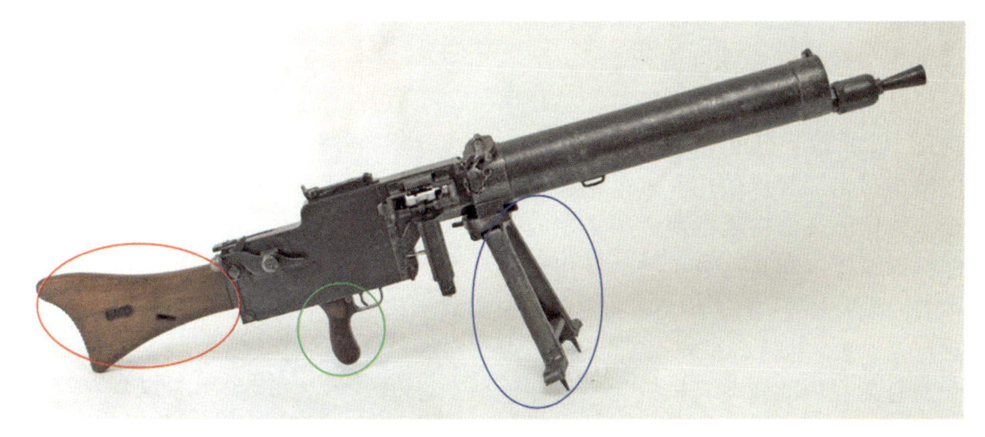

▲ 加装枪托（红圈处）、握把（绿圈处）、两脚架（蓝圈处）的 MG08/15 机枪。该枪仍然没能摆脱重机枪的庞大体积和重量，在便携性上很难与真正的轻机枪相提并论

针对“通用化”难题，德国人可谓下足了功夫。为保证 MG34 拥有堪比传统重机枪的火力持续性，采用弹链供弹就成了一种“刚需”设计，绝不能像 MG13、ZB-26 和麦德森机枪一样采用弹匣供弹。同时，为使 MG34 拥有不逊传统轻机枪的便携性，在引入枪托、握把和两脚架等结构之余，可更换式气冷枪管设计也成为必选项。此外，为不负“通用”之名，保证 MG34 能在轻、重两种状态间灵活转换，就必须摒弃传统重机枪的脚架，能够“快拆快装”的新式脚架呼之欲出。

整体设计思路确定后，细节设计同

◀ 轻（上）、重（下）状态下的 MG34。作为通用机枪，MG34 引入了枪托（红圈处）、握把（绿圈处）和两脚架（蓝圈处）结构

样不可轻视。德国设计师们深知，通用机枪要实现真正意义上的“轻”，绝不仅仅是减重、减体积那么简单，它必须具备一个传统轻机枪的特质——易操作，即使单兵也能轻松使用。可令人头疼的是，为保证火力持续性而必须采用的弹链供弹设计，却是达成单兵易操作性目标的“头号大敌”——传统帆布弹链怕水且定位不准，包括 ZB-26、绍沙、麦德森和刘易斯在内的经典轻机枪无一例外地对弹链供弹方式“说了不”。能想出更换枪管这种变通方法的德国设计师自然不会就此罢休，他们专为 MG34 研制了金属弹链，摒弃了传统重机枪常用的帆布弹链。

实际上，MG34 诞生时全金属弹链正处于方兴未艾的阶段。得益于冲压加工技术的成熟，钢片制成的金属弹链开始全面取代帆布弹链。相比帆布弹链，金属弹链具有耐拉扯、不怕水、不发霉等优势，同时结构更加稳固，使枪弹定位准确，不易受剧烈运动影响，可靠性更高。在缺乏副射手引导时，其故障率远低于帆布弹链。

▲ MG34/42 的 50 发圆筒弹链箱。此外，MG34 还配有一种马鞍形弹鼓，但操作较繁琐，使用不多。单从防钩挂的角度看，弹链箱已经能满足需求

但金属弹链终归也是弹链，相对其他供弹方式，它依然会产生钩挂现象且对污垢敏感。而士兵携带机枪运动时，弹链甩来甩去也会影响机动。为此，德国设计师巧妙地借鉴了弹匣 / 弹盘 / 弹鼓的设计，他们将 MG34 的金属弹链集成在一个能挂在枪身上的弹链箱里。所谓弹链箱，其实只是一个空金属盒子，并没有弹匣 / 弹盘 / 弹鼓内的弹簧、输弹板等复杂机构，却能实实在在地减少钩挂现象。直到今天，这个简单实用的设计仍然是通用机枪的标配。

此外，MG34 还有一些不显眼却同样值得称道的小设计。为降低后坐力、减小枪口焰并提高射速，设计师为 MG34 设计了精妙的膛口装置，兼具制退、助退、消焰三个功能，并在枪托中加装了枪尾缓冲器。而为保证射击精度，设计师大胆采用了直枪托设计。这种枪托不像当时的其他机枪枪托一样下弯，而是与枪身成一条直线。它能有效减小射击时由后坐力引起的翻转力矩，除提高射击精度外，还让 MG34 拥有了极高的外形识别度——Y 形直枪托使 MG34 像极了一根去掉肋骨和头的鱼骨头。

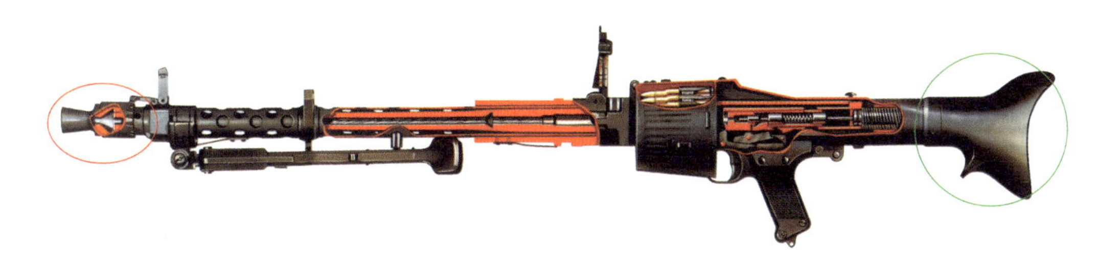

▲ MG34 的膛口装置（红圈处）和 Y 形直枪托（绿圈处），枪尾缓冲器位于枪托内。拆掉握把和两脚架后，MG34 外形酷似鱼骨头

正是上述精巧设计成就了 MG34 的纯正通用机枪“血统”，使它真正意义上实现了轻、重两用。

不过，“通用”二字本就是一把双刃剑，理念超前的同时也必然引发一些难以调和的矛盾。整体上看，MG34 的性能确实有“比上不足，比下有余”之嫌：其一，装在弹链箱中的弹链相比弹匣 / 弹盘 / 弹鼓而言，仍然不能完全摆脱易钩挂的缺陷；其二，整枪重量相比传统轻机枪仍然较大，不及传统轻机枪便携；其三，即使拥有快速更换枪管设计，火力持续性相比传统水冷重机枪仍要略逊一筹。

而相比同样超前的费德洛夫 M1916，MG34 无疑是幸运的。经过几年的使用后，德国军方最终认可了 MG34 的设计理念，只是对其复杂的加工工艺有所不满：要知道，加工出一挺 12.1kg 的 MG34，足足要消耗 49kg 钢材，且工艺流程以削、铣、钻等费工费时的高成本方式为主。

已经发现“新大陆”的德国人当然不会停下脚步。1937 年，即 MG34 仅仅列装一年后，其改进 / 换代项目又紧锣密鼓地上马了。最终，冲压专家格鲁纳领导的格罗斯富斯公司团队以 MG39 方案

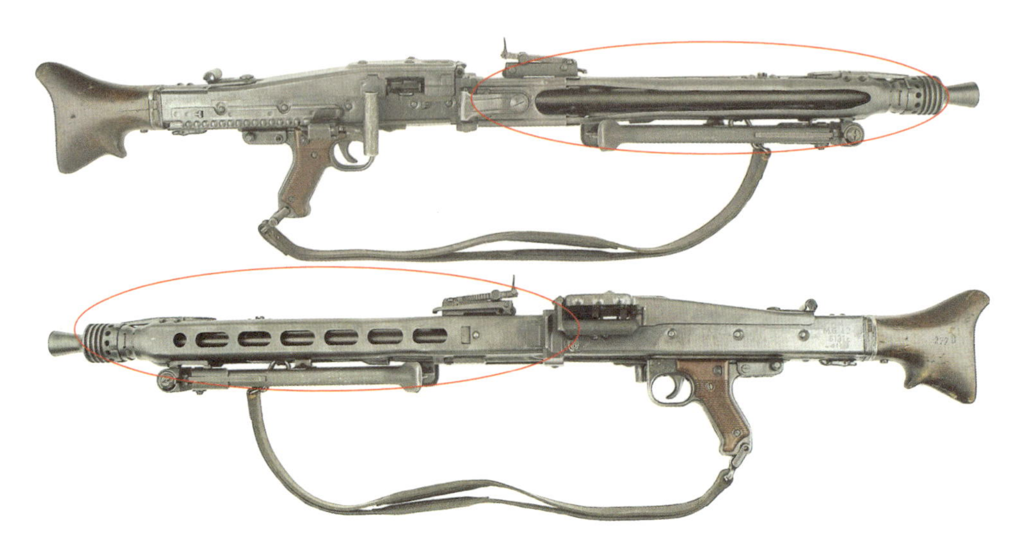

▲ 相比 MG34，MG42 最大的外观变化是枪管散热筒由便于切削加工的圆柱体，改成了便于冲压加工的带圆弧边角的长方体

脱颖而出。1942 年,MG39 机枪正式投产，并被重新命名为 MG42。

尽管 MG42 在 MG34 的设计基础上进行了诸多改进，例如闭锁机构由 MG34 的回转闭锁改为德式风格浓厚的滚柱闭锁，单程输弹机构被改为更适合高射速武器的双程输弹，但本质上看，MG42 更像是 MG34 的“简化生产”版。这与格鲁纳的专业特点有很大关系——他是冲压专家而非枪械专家，更擅长改进生产工艺，而非在设计上推陈出新，更何况在 MG39 项目之前，他和团队成员甚至对机枪设计一无所知。平心而论，格鲁纳在简化工艺和降低生产成本方面的努力是卓有成效的：MG42 广泛采用了冲压件，以及点焊、点铆等新式生产工艺，只要 75 个工时就能制造完成，相比之下，MG34 要耗费 150 个工时。此外，其生产成本相比 MG34 降低了 24%，减少到 250 马克。

由 MG34 到 MG42，通用

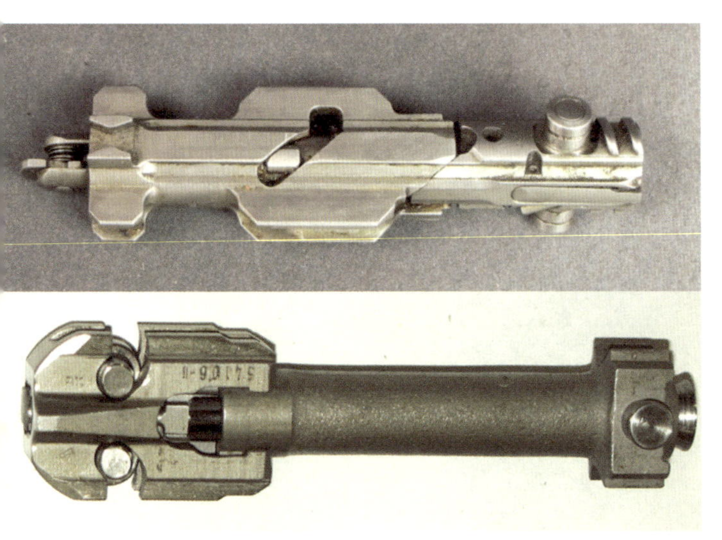

◀ MG34 的自动机（上）和 MG42 的自动机（下），分别采用了枪机回转闭锁机构和滚柱闭锁机构。闭锁机构是枪械的核心机构，相关改进牵一发而动全身，因此不能笼统地将 MG42 视作 MG34 的翻版

枪械说

高射速的困惑

凭借最高 1500 发 /min 的高射速，以及高射速下如同“死神召唤”般的特殊声响，MG42 在盟军那里得到了很多“恐怖”的绰号。美国人称它“希特勒电锯”，而苏联人称它“亚麻布剪刀”。美国人甚至专门拍摄了相关的军教影片，以减轻士兵在战场上面对该枪时的心理压力。

正因如此，MG42 的射速优势通常会被一些文献资料无限夸大。可从实战角度出发，MG42 的成功绝不仅仅是高射速所赐，过高的射速甚至在一定程度上削弱了它的操控性。

首先，MG42 的射速是能通过调整膛口装置和换用不同枪机来调节的，射速范围为 900~1500 发 /min。不同应用场合对射速的要求显然是不同的，射速绝非越高越好。在防空作战中，要求在短时间内倾泻尽可能多的子弹，提高火力密度，这样才可能命中快速移动的空中目标，因此高射速就很有优势。而在反步兵作战中，除非是面对密集的集团目标，否则高射速就会导致得不偿失。因为高射速带来的后坐力叠加效应十分明显，射击时的振动很大，精度会变差到几乎无法接受的程度，即使增加射弹量也很难保证命中效果。

美国在战后拍摄的影片中，用两脚架状态的 MG34、M1919A6，以及三脚架状态的 MG42、M1917，对 274m 距离上的双人半身靶进行 30 发射击试验，四型机枪的命中数依次为 13、22、16、24 发。这里固然有抹黑德国武器的成分，但也的确说明 MG42 的高射速，至少在命中率方面，反而拖了它的后腿。

归根结底，MG34/42 是凭借其通用化设计理念在战争中傲视群雄的，而更为外化、直观的高射速特点，恐怕在威慑对手方面的作用更为明显。第二次世界大战结束至今，以集团目标为打击对象的任务大为减少，战场人员密度相应大幅降低，高射速带来的发热快、精度差、耗弹量大等缺点被进一步放大，因此通用机枪的射速已经很少超过 1000 发 /min。

“二战最强单兵”

1944 年 6 月 6 日，盟军登陆诺曼底。在这场举世闻名的战役中，一名奥马哈海滩碉堡中的 20 岁德军士兵——海恩・塞弗罗，创造了一项骇人的纪录：有资料显示，在他驻防的 WN62 碉堡前，共有 4184 名美军士兵中弹倒下（这一数据有较大争议）。在长达 9 个小时的战斗中，塞弗罗扣紧 MG42 的扳机，几乎一刻不停地发射了超过 12000 发子弹，换下来的通红的枪管，甚至轻易点燃了碉堡旁的干草！据一些历史研究者推测，倒在碉堡前的 4184 名美军士兵中，至少一半人（笔者估计至多两三百人）都是 MG42 的“枪口冤魂”，塞弗罗也因此得到了“奥马哈海滩怪兽”的名号。

不过，塞弗罗没有成为所谓的“英雄”，他只是战争的“牺牲品”，终生都在承受着良心的谴责。2007 年，83 岁高龄的塞弗罗在最后一次接受采访时说道：“我确实不是因为有杀人的欲望而杀人的，我只是想活下去。我知道，只要他们有一个人活下来，他就会向我射击。我从不想卷入战争，也从不想待在法国，更不想待在碉堡里用机枪射击”。

机枪的设计理念在德国人手中走向了成熟。第二次世界大战时，与同场竞技的轻机枪相比，使用弹链供弹的 MG34/42 火力持续性更好，重量上也没有多大劣势（MG34 为 12.1kg，MG42 为 11.6kg，同期的布伦轻机枪为 10.35kg）。得益于金属弹链和弹链箱，MG34/42 完全可以由单兵携行和操作。相比之下，在重量上稍具优势的布伦轻机枪，由于使用弹匣 / 弹盘供弹，且弹匣弹容量只有可怜的 30 发（弹盘较少见且使用不便），在火力持续性上完全不是 MG34/42 的对手。

而与同期重机枪对比，采用可更换气冷枪管的 MG34/42 在火力持续性上不落下风，同时重量要轻很多，且三脚架可快拆快装，实际使用中编制更灵活、机动性更佳。要知道，此时美国人的 M1917 和 M1919 重机枪还在使用帆布弹链（少量金属弹链主要用于车载和机载的 M1917/M1919），而英国人还抱着重量惊人的水冷重机枪不放，苏联人更是在 SG43 重机枪的设计上“走火入魔”，加装了防盾和轮子，几乎完全抛弃了机动性，日本人的九二式重机枪则在重量上创纪录地突破了 50kg。

显然，MG34/42 在实际作战中并没有陷入“比上不足，比下有余”的尴尬境地，反而是使轻重两方面的性能特点相得益彰。不仅是性能，通用机枪的经济性也在战争时期得以凸显。从 1936 年列装，到 1945 年第二次世界大战结束，MG34 的产量达到了 57.7 万挺。而 1942 年开始列装的 MG42，到战争结束时产量也达到了 40 万挺，这还是在德国国内产能不断下降的情况下实现的。

MG34/42 的总产量达到了傲人的近 100 万挺，而德军巅峰时期的总兵力也不过 900 万人左右，这意味着大约每 9 人就会装备一挺 MG34/42。尽管这样的计算方式很不严谨，但 MG34/42 的装备密度之高的确是同期各国军队中所罕见的。在以机枪为火力核心的基层步兵单位中，一型性能优异、可靠的机枪所具有的价值是不言而喻的。

第二次世界大战结束后，各国的新一代机枪研发计划都提上了日程。性能、经济性双优的 MG34/42，尤其是 MG42，无疑成为各国新机枪的模板。这一时期

▲ 2014 年，莱茵金属公司推出的名为 MG3 KWS 的 MG3 机枪升级方案，可见脱胎于 MG42 的 MG3 还是有一定生命力的

涌现出的众多新产品，包括 FN 公司的 MAG58（M240）、美国的 M60、苏联的 PK、SIG 公司的 SIG710，以及中国的 67 式，它们无一不是带着枪托、握把和两脚架，使用弹链供弹，可更换气冷枪管，可安装快拆三脚架的通用机枪。与此同时，德国人自己装备的 MG3，也仍然与 MG42 一脉相承。

3.3　成熟的标志——廉价化的冲锋枪

第一次世界大战后，冲锋枪凭借在堑壕战中的优异表现，迅速与机枪、栓动步枪形成三足鼎立之势，成为最“年轻”的主战枪种。到第二次世界大战时，以司登冲锋枪为代表的新一代冲锋枪，开始大规模利用冲压加工等先进技术来降低生产成本，实现了真正的廉价化。实际上，早在敦刻尔克大撤退之前，德国就已经开始探索冲锋枪的廉价化之路。

德国 MP38/40 冲锋枪

尽管有《凡尔赛合约》的限制，德国在两次世界大战的空档期还是开发了 MP28 Ⅱ、MP35 等一系列所谓“新型”冲锋枪。这些“新型”冲锋枪大多让人有似曾相识之感——累赘的枪管散热筒、侧置的弹匣、木质的枪身、栓动步枪式的直握把。没错，这仍然是熟悉的 MP18 的味道。

归根结底，彼时的德国冲锋枪设计思路还是摆脱不了 MP18 的影响。直到 1938 年，MP38 冲锋枪横空出世，德国的冲锋枪设计才终于走上了一条全新的道路。

有趣的是，MP38 冲锋枪的设计者，正是“MP18 之父”雨果 • 施迈瑟（也有

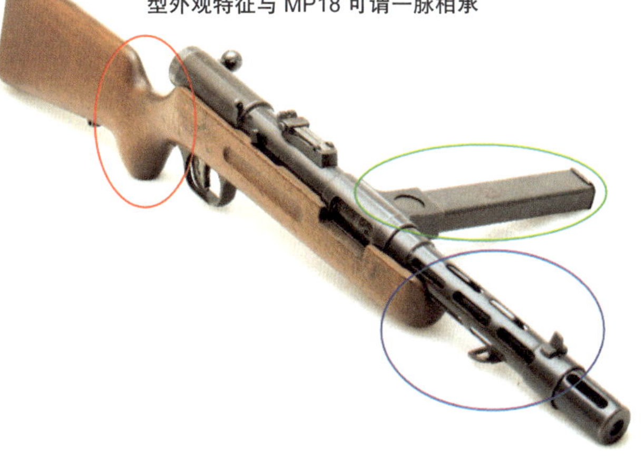

▼ 即使是 1935 年投产的 MP35，充其量也只能算 MP18 的升级版。其直握把（红圈处）、散热筒（蓝圈处）、侧置弹匣（绿圈处）、木质枪身等典型外观特征与 MP18 可谓一脉相承

一说是施迈瑟仅设计了该枪的弹匣）。在MP38上，施迈瑟大破大立，确定了冲锋枪设计的全新制式。在对波兰作战中表现良好的MP38，很快便被德军所接受。不久后，施迈瑟又对其结构和工艺进行了一定改进，推出了MP40冲锋枪。

MP38/40冲锋枪在整体设计上几乎完全脱离了MP18的窠臼：取消了结构复杂、难于加工且作用有限的枪管散热筒；将侧置弹匣改为下置弹匣，优化了整枪重心，使重心不再随弹匣内枪弹的消耗而变化；护木、握把片等部件改由易于大规模生产的塑料制成，而非传统的木材；改用金属折叠枪托，可通过折叠枪托来缩短全枪长度，进一步提高机动性，更适合搭乘汽车、装甲车的士兵使用。

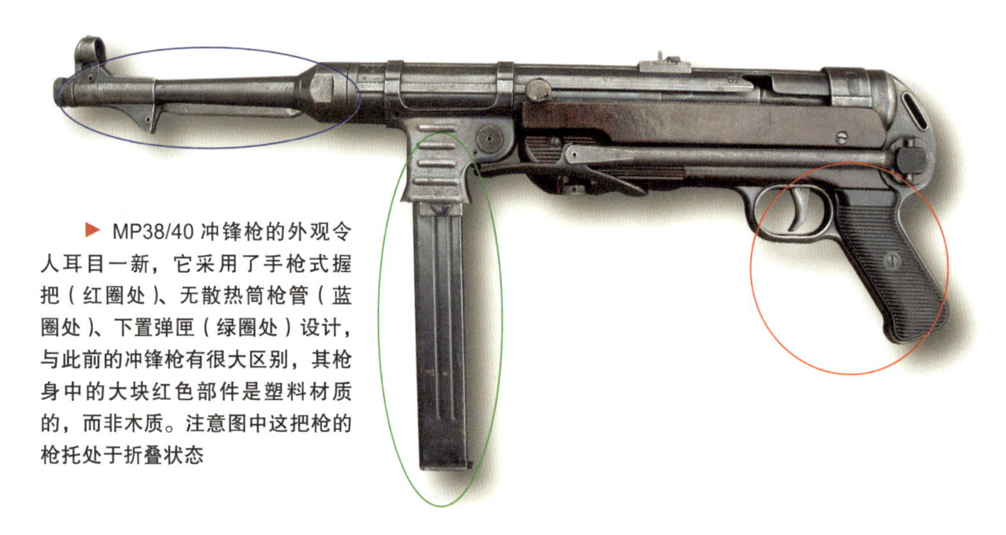

▶ MP38/40冲锋枪的外观令人耳目一新，它采用了手枪式握把（红圈处）、无散热筒枪管（蓝圈处）、下置弹匣（绿圈处）设计，与此前的冲锋枪有很大区别，其枪身中的大块红色部件是塑料材质的，而非木质。注意图中这把枪的枪托处于折叠状态

在加工工艺方面，MP38/40同样进步明显。两者采用了圆筒形机匣，其中，MP40的机匣可由钢板冲压后卷圆制成，相较传统的方形铣削机匣更易加工；弹匣井、发射机等零部件采用了冲压加工方式，工艺相对铣削等方式更简单高效。得益于加工工艺的简化，整个第二次世界大战期间，MP38/40的总产量达到了惊人的120万支。

◀ 很多二战老照片中的MP38/40冲锋枪，枪托都处于折叠状态，这也许能证明MP38/40的折叠枪托设计是成功且必要的。这种金属材质的折叠枪托结构紧凑、重量轻、易生产。苏联战后列装的AKS-47和AKMS也借鉴了这一设计

值得一提的是，MP38/40 采用了全新的手枪式握把，在外形上与此前的栓动步枪和半自动步枪的直握把（折弯握把）有很大差异。手枪式握把布置在机匣下方，不像直握把那样布置在机匣后方。如此一来，机匣叠在握把上方，互相不占长度，可有效缩短全枪长度，使枪械结构更为紧凑。

此外，MP38/40 的低后坐设计也十分出彩。手枪式握把设计为机匣留下了更大的冗余空间，因此 MP38/40 的机匣相较前辈们更加狭长。枪机在如此长的机匣内运动，其后坐能量足以被复进簧完全吸收。后坐到位时，枪机在复进簧作用下“缓慢停止”，再开始复进过程，而不会像当时的大部分枪械那样，枪机 / 枪机框猛烈撞击机匣末端。这一设计大幅降低了 MP38/40 的后坐力，应急状态下，很多射手都能不抵肩、单手操作 MP38/40。

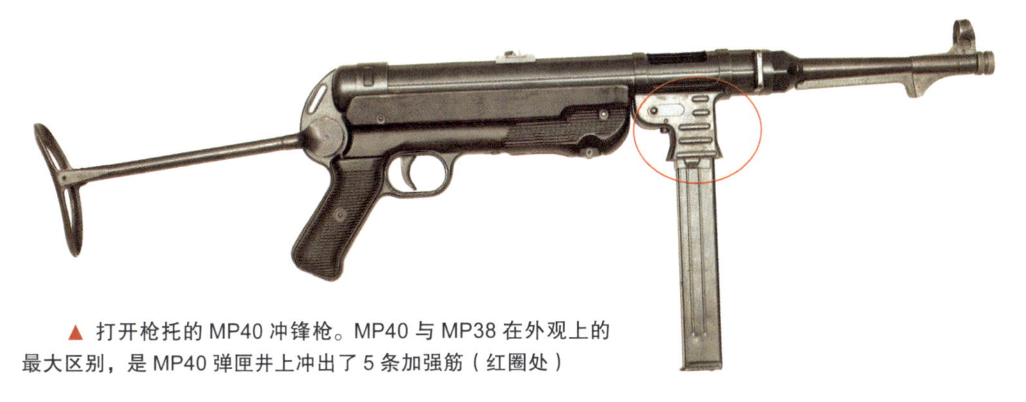

▲ 打开枪托的 MP40 冲锋枪。MP40 与 MP38 在外观上的最大区别，是 MP40 弹匣井上冲出了 5 条加强筋（红圈处）

如今，我们将这种枪机 / 枪机框后坐时不撞击机匣末端，后坐能量完全被复进簧吸收的设计，称为恒定后坐原理。施迈瑟此后设计的 Stg44 突击步枪也采用了这一原理。不过，恒定后坐原理也并非完美无瑕，其弊端是会导致枪械射速偏低，而这正是 MP38/40 在与 PPSh41 的较量中往往处于下风的主要原因。

英国司登冲锋枪

1940 年 5 月下旬，节节败退的英法联军被德军围困在法国一个名为敦刻尔克的小海港内。英国紧急启动了“发电机”计划，征调了 800 多艘各式船只，将 34 万联军运到了英国。仓促撤离的联军官兵不得不将轻重武器都扔在了海滩上。

▶ 司登系列冲锋枪的枪托有多种形制，但大多比较古怪，握持感并不好，直到司登 Mk 5 上才得到改善

一位参与救援的水手回忆道：“我们看见所有士兵回来时都没有带武器，真不知道如果德国人打来了，这些没有武器的士兵能做什么。”

“武器荒”使英国政府狼狈不堪，在从美国紧急采购大量武器的同时，甚至从仓库中调出了处于封存状态的一战武器。此时，英国人意识到，他们迫切需要一型易生产、造价低、可大规模装备的新式单兵武器，即使在作战中抛弃也不会造成很大损失，可以尽快补充。1941年，恩菲尔德兵工厂推出了全新的司登冲锋枪，英国人终于如愿以偿。

司登冲锋枪由47个零部件组成，而同期的MP40冲锋枪有超过100个零部件。这些零部件的生产工艺原则是尽量采用冲压加工方式，焊接、铆接等连接方式，流水线生产方式。除正规军工企业外，英国政府几乎调动了所有可能的生产力量，包括很多小作坊，都参与到司登冲锋枪的生产工作中。第二次世界大战期间，英军士兵装备的冲锋枪几乎是清一色的司登。单一的装备计划、庞大的产量，进一步降低了司登冲锋枪的生产成本。

司登冲锋枪的整体结构非常简单，甚至可以说“简陋”。其枪托由钢条和钢板

▶ 这张照片名为《从奖牌到司登冲锋枪》，图中男子手持他所在工厂战前的主力产品——奖牌，而女子则手持该厂战时的主力产品——司登冲锋枪

◀ 正在加工中的司登冲锋枪机匣。司登冲锋枪的机匣设计成圆筒形，能利用型材（钢管）进行加工

焊接而成，机匣是与 MP40 冲锋枪一样的筒形。此外，套筒、拉机柄等原本不太适合做成圆筒形的零件，也都做成了圆筒形，司登冲锋枪因此被很多人戏称为“水管工人的杰作”。

仓促的设计周期“硬逼”出来的设计，不可能造就什么真正意义上的进步产品。从技术角度看，司登冲锋枪几乎毫无亮点可言。其最大的败笔在于侧置弹匣设计，这在当时已经显得非常落伍，使用上非常不便。此外，它仍然采用了传统的直握把，碍于钢枪托过于简陋，其射击握持感还远比不上木质直握把。

◀ 在 1944 年问世的司登 Mk 5 上，资源短缺问题得到缓解的英国人终于改用了手枪式握把（红圈处），此外还加装了木质小握把（图中未装），换装了木质枪托

尽管与 MP38/40 使用完全相同的枪弹，但由于没有采用恒定后坐原理，司登冲锋枪的后坐力比 MP38/40 大得多，射击时的操纵性完全无法与 MP38/40 相提并论。要知道，一型操纵性良好的枪械，能大幅降低对射手的要求，这对大规模持久战而言具有重要意义。

但公允地说，无论缺陷有多么突出，“简陋”的司登冲锋枪至少满足了英军的基本需求，解了“武器荒”带来的一时之愁。实际上，它的真正价值反而是体现在“低价值”上，仅仅 9 美元的造价，只有汤姆逊冲锋枪的 1/20，不可谓不廉价。截至 1945 年，其产量达到傲人的 375 万支，远超 MP38/40 系列冲锋枪。在世界性的全面战争中，高产量也许比高质量更有价值。从这个角度看，司登冲锋枪的设计是相对成功的。就连拥有 MP38/40 的德国人，在濒临溃败时也不得不选择参照司登冲锋枪，设计出 MP3008 冲锋枪这样的“廉价货”。

苏联 PPSh41/PPS43 冲锋枪

相较仓促赶制出司登冲锋枪的英国人，苏联人在设计冲锋枪时要系统、严谨得多。从最初装备 PPD 系列冲锋枪开始，到在苏芬战争中深刻“体会”了索米冲锋枪的威力，苏联人在冲锋枪设计上逐渐形成了一套独有的理念。

1941 年 6 月德国入侵时，苏联军队已经开始列装便于大规模生产的 PPSh41 冲锋枪。它很快就彻底取代 PPD 系列，成为苏军的主力冲锋枪。PPSh41 的零部件大多采用冲压加工方式，总装工艺也非常简单，整个生产流程只需 7.3 个工时。第二次世界大战后期，苏联国内的成年男子几乎都上了前线，兵工厂里只剩下老弱妇孺，但即使是这些人也足以保障 PPSh41 的生产供应。

从设计角度看，PPSh41 “进化”得不如 MP38/40 那样彻底。它虽然采用了下置弹匣 / 弹鼓，但仍保留了散热筒、木质枪托和直握把。有趣的是，这些看似落后的设计要素并没有成为掣肘 PPSh41

▲ PPSh41 冲锋枪的散热筒也采用了冲压加工方式，而非传统的切削加工方式。从外形上看，就是从标准的圆柱体变成了带弧形边角的长方体，与 MG42 机枪的散热筒相似

► PPSh41（下）与 MP40（上）的对比，可见两型枪总长度相近，但 PPSh41 的机匣更短。机匣长度可以粗略认为是扳机到弹匣 / 弹鼓之间的距离

的缺陷，反而在一定程度上为它带来了意外的优势。由于苏联国内战区大多处于高寒地带，冰凉的金属枪托不利于抓握，还容易导致冻伤，反而是木质枪托更“友好”一些。更重要的是，高寒地区一向不缺乏优质木材。

正是由于保留了直握把设计，为控制全枪长度，PPSh41 不得不采用短机匣设计，枪机后坐时，很快就会运动到位，猛烈撞击机匣末端，随后迅速回弹，开始复进过程。这导致 PPSh41 的后坐力偏大，连发射击操纵性不佳，且射速过高，达到 1000 发 /min 左右，接近 MP38/40 射速（500~550 发 /min）的两倍。

然而，不要忘记东线战场大都处于城镇等复杂地形中，双方步兵经常在很近的距离上交战。这种作战场景大多以火力“论英雄”，精度差并不是什么致命缺陷，高射速才是“硬道理”。PPSh41 配装了 71 发大容量弹鼓，凭借高射速，有效压制了射速低、配装 32 发弹匣的 MP38/40。就连德国人也很快“爱”上了 PPSh41，甚至对一部分缴获来的 PPSh41 进行了改装，使其能发射德国的 9mm 口径手枪弹。

不过，苏联人没有因此而止步不前，他们清醒地认识到 PPSh41 在设计上与 MP38/40 相比仍然是有差距的。于是，1943 年，耗费钢材只有 PPSh41 一半、更易于生产的 PPS43 冲锋枪定型了。它除保留枪管散热筒外，很多方面都向 MP38/40 看齐：取消所有木质零部件；换装塑料握把片；采用手枪式握把；加长机匣，降低射速；换装 MP40 式金属折叠枪托。

PPS43 继承了 PPSh41 易于加工的特点。截至第二次世界大战结束，两者的总产量达到约 800 万支（PPSh41 约 600 万支，PPS43 约 200 万支）。达成如此高的产量，既有赖于苏联的强大国力，也得益于两型枪的优良设计。

◀ PPS43 在布局上与 MP38/40 相似，除显眼的散热筒外，其枪托折叠后并不是像 MP38/40 那样下置，而是上置

总结

上述三型冲锋枪中，以 MP38/40 冲锋枪设计最为前卫、先进。战后冲锋枪基本都延续了 MP38/40 的设计理念——手枪式握把、折叠枪托、弹匣下置、控制后坐力、大量运用塑料件和冲压加工工艺，因此它们在形制上也大多与 MP38/40 相似。

尽管构型上略有差异，但三国设计师显然在“廉价化”上达成了“默契”。为此，三型冲锋枪采用了完全相同的原理：自由枪机自动方式、开膛待机。战后近二十年间，自由枪机与开膛待机几乎成了冲锋枪的“标准”设计元素，这一局面直到 MP5 冲锋枪问世才被打破。

廉价化意味着一种产品的完全成熟，但同时也意味着淘汰的开始。冲锋枪的发展历程恰是对此的最佳诠释。第二次世界大战中，巨大的产量将冲锋枪推向了巅峰，但这也是它最后一次作为主战武器出现在战场上。战争末期，曾经并不成熟的理想单兵战斗武器——突击步枪涅槃重生，凭借高精度、强火力、远射程，将冲锋枪彻底赶出了主战武器的序列。

而最令人感慨的是，第一型大规模列装的突击步枪，正是出自“冲锋枪之父”雨果·施迈瑟之手。1918 年，他发明了打破堑壕的 MP18 冲锋枪，二十余年后，他亲手用更具划时代意义的突击步枪，埋葬了冲锋枪的未来。

枪械说

并不简单的冲压加工工艺

冲压加工有利于大规模量产，却并不适于小规模生产和试生产。冲压加工需要制作大量模具，而这些模具往往制作困难、数量繁多、价格昂贵。即使是预备采用冲压加工方式的枪械，在小规模试生产阶段也会“老老实实”地采用铣削加工方式，以节省开模成本。

此外，冲压过程中金属板材会产生急剧且复杂的变形，如何保证板材按预想方式成型，而不会断裂甚至粘在模具上，如何保证冲压成型后不反弹，如何对冲压零部件进行有效检验，时至今日，这些问题仍有待进一步优化。而冲压工艺所牵涉的热处理工艺和特制检验工具的研发，也是对国家工业实力的巨大考验。

如今很多战乱地区的小作坊都能用铣削方式加工出看似复杂的“土枪”，却无法仿制出看似简单的冲压弹匣。总而言之，冲压加工工艺，尤其对枪械制造领域而言，仍然是大国“专利”。

3.4　自上而下的杰作——Stg44 突击步枪

第一次世界大战后，冲锋枪、栓动步枪、轻机枪所构成的陆军步兵轻武器配置形式已为各国广泛接受。很多国家开发了价格不菲的专用设备以推动大规模生产。以 MG34/42 为代表的机枪开始简化类别、大规模应用冲压工艺以降低成本，冲锋枪则将生产成本压缩到极致，开始以量取胜。单兵自动武器已经全面走向成熟，达到了所谓的终极阶段——廉价化。此时，步兵装备体系已经基本固化，似乎"不允许"再有一种全新的枪械来打破既有格局。

然而，一个看似不经意间的创新，却成为打破这一格局的始动力。

1941 年，经过反复试验后，德国人依托老式 7.92×57mm 口径全威力步枪弹，成功研制出一种全新的 7.92×33mm 口径短步枪弹。这种新步枪弹的弹壳长度相较 7.92×57mm 口径步枪弹缩短了 24mm，装药量由 3g 减少到 1.6g，枪口初速由 800m/s 下降到 685m/s，枪口动能也由 4000J 降低到 1900J。尽管性能"缩水"严重，但这种新步枪弹能使自动武器的射击后坐力大幅降低，不再出现连发射击时不可控的尴尬现象。更重要的是，它的整体性能仍然能全面"碾压"传统手枪弹。相应的，使用这种新枪弹的步枪也将全面超越使用手枪弹的传统冲锋枪。

▲ 从左至右依次为德军在两次世界大战时装备的 7.92×57mm 口径步枪弹、7.92×33mm 口径短步枪弹和 9×19mm 口径手枪弹，分别供毛瑟 98 步枪、Stg44 突击步枪和 MP38/40 冲锋枪使用

德国陆军如获至宝，立即要求瓦尔特公司和黑内尔公司依托这种新步枪弹研发新式"自动卡宾枪"。1942 年，两家公司分别拿出了名为 MKb42（W）和 MKb42（H）的设计方案。经过小规模试验后，黑内尔公司的 MKb42（H）胜出，随即被呈交给希特勒做最后"审定"。

孰料，希特勒强烈反对使用 7.92×33mm 口径短步枪弹，他认为德军应该装备一型货真价实的冲锋枪，而不是在枪弹性能上"缩水"的 MKb42（H）。不过，德国陆军兵器局并没有因此而放

▲ 瓦尔特公司的 MKb42（W）虽然落选，但设计上其实不乏新意，它采用了手枪式握把和直枪托

弃，他们阳奉阴违地按冲锋枪的命名规则将 MKb42（H）定型为 MP43 冲锋枪，随即开始小范围装备作战部队。万幸的是，MP43 在实战中表现优异，迅速赢得了德军士兵的青睐。士兵们如潮般的好评和增加 MP43 产量的要求迅速传达到德军高层。1944 年，“回心转意”的希特勒以自己钟爱的“Sturm”（暴风雨）一词，将 MP43 重新命名为 Sturmgewehr 44 步枪，简称 Stg44。

Stg44 步枪的设计师正是 MP18 和 MP38/40 冲锋枪之父雨果・施迈瑟。如前文所述，对冲锋枪设计了如指掌的施迈瑟非常清楚这种武器的缺陷。德军士兵们也许应该感谢施迈瑟，早已功成名就的他并没有在枪械设计上止步不前，对理想单

▲ Stg44 与我国的 56-2 式冲锋枪（我国仿制改进的 AK47）对比，可见两枪布局十分相似

兵战斗武器的执着追求使他一手缔造了 Stg44 这型划时代的全新步枪。

那么，凝聚了雨果·施迈瑟设计理念精髓的 Stg44，到底具有怎样的超越时代的价值呢?

总体上看，Stg44 以仅仅 4.6kg 的重量和 940mm 的长度，实现了令无数“前辈”望尘莫及的后坐力可控目标，能使用步枪弹进行有意义的全自动射击。此外，Stg44 的弹容量达到 30 发，火力持续性与当时的轻机枪相当。火力与冲锋枪一样猛烈、而威力又比冲锋枪大得多的 Stg44，几乎兼具了栓动步枪、冲锋枪和轻机枪的所有优点。士兵们终于找到一种能在战场上“包打天下”的理想自动武器。

除整体性能优异外，Stg44 的很多设计细节也可圈可点。

从布局上看，Stg44 采用上下机匣结构。枪管安装在上机匣上，下机匣（发射机）通过两根销子固定在上机匣上，拔掉两根销子就可以分解。这种在当时略显怪异的做法如今已经成为步枪设计领域的绝对主流。Stg44 的机匣截面被冲压成“8”字形，枪机框、枪机截面同样为“8”字形，机匣依靠这种“8”字形构型完成对枪机框、枪机的约束和引导，无需加工专用枪机框和枪机导轨，省工省时易处理。今天依然活跃的 G3 枪族和 M16 枪族就传承了这种无枪机框、枪机导轨的机匣设计理念。

▲ 半装入的 Stg44 枪机组件 / 自动机，可见机匣截面为“8”字形，这种机匣便于进行冲压加工

从枪身材质上看，除枪托和握把外，Stg44看起来几乎就是“一堆铁皮”，没有任何木质零部件，这在今天看起来很正常，但与“同辈”的毛瑟98、M1加兰德和G43等通体包木的步枪相比，就显得“格格不入”。此外，Stg44采用的手枪式握把和上置活塞，也是在“后辈”们身上才发扬光大的。

▲ 由上至下依次为M1加兰德步枪、PPSh41冲锋枪、Stg44突击步枪。前两者尽管也是经过战火考验的优秀产品，但在设计理念的先进性方面远不及Stg44

从内部结构上看，Stg44采用了枪机偏移闭锁和导气式原理。其活塞直接与枪机框连接在一起，也就是俗称的长活塞导气式。长活塞导气式原理在当时的机枪中较常见，但在步枪中鲜有应用。Stg44的导气孔位于枪管中前部，导出能量充足、稳定、可靠，因此成为后世突击步枪的标准设计。以高可靠性见长的AK系列步枪就继承了这种导气方式。

从外观上看，Stg44采用了直枪托设计。在此之前，所有步枪几乎都采用了下弯枪托设计，射手将脸贴在枪托上进行贴腮瞄准时，视线与枪管离得很近，这有利于降低瞄准基线，减小暴露面积。采用下弯枪托的枪械，准星和照门位置较低，不凸出于枪身。而Stg44采用了直枪托，射手贴腮的位置相应增高，准星和照门也高高耸起。

直枪托设计的优点是缩短了枪管轴线到抵肩受力点的力臂，有利于减小枪口上跳，这对全自动枪械而言意义非凡。众所知周，卡拉什尼科夫将AK步枪的枪托由弯改直已经是1959年的事了，而如今的枪械无一例外地都沿用了直枪托或准直枪托设计。由此可见Stg44的设计理念有多么超前。

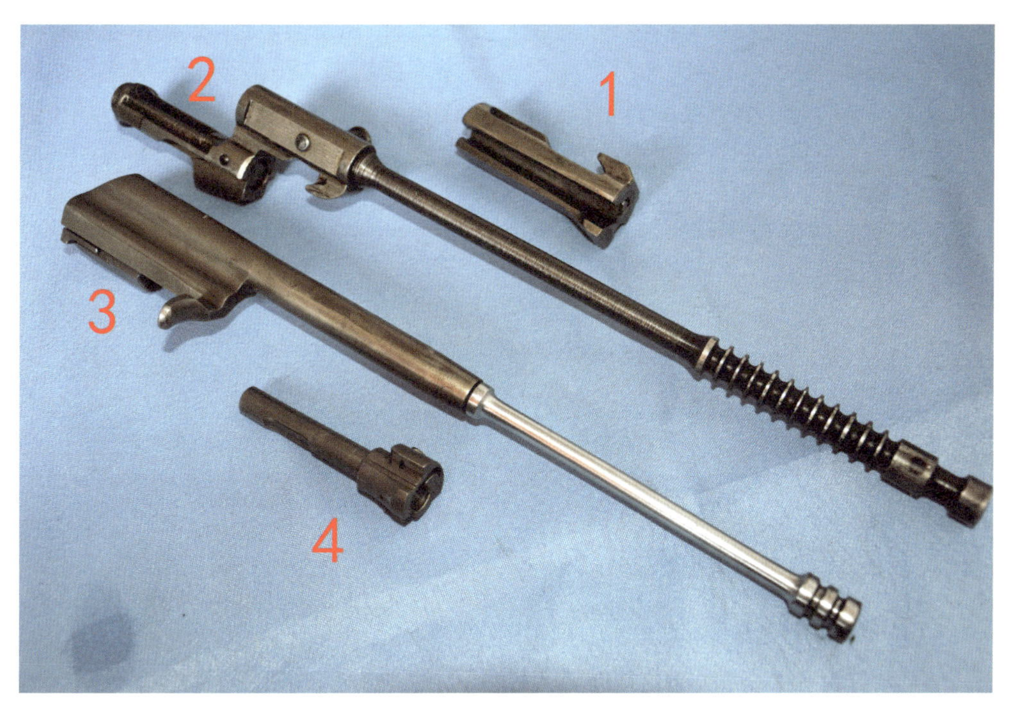

▲ 图中 1、2 为 Stg44 突击步枪的枪机和枪机框，3、4 为 AK 步枪的枪机框和枪机，可见步枪应用长活塞设计，并非 AK 步枪首创

▲ Stg44 高高耸起的照门和准星（红圈处）。对比第 3.5 节中介绍的其他枪械，你就会发现 Stg44 的这一设计在当时绝对是特立独行的

尤为可贵的是，Stg44 的分解结合难度远低于同期其他枪械。笔者有幸拆装过包括 Stg44、SVT-40、M1 加兰德在内的十余款二战枪械，只有 Stg44 的分解结合达到了理想水平，分解后没有易遗失的小零件，且操作步骤非常合理，简单易学，使用者几乎不需要学习什么技巧就能快速掌握。

▲ 由上至下依次为德国的 MG34 通用机枪、G43 半自动步枪、毛瑟 98 步枪、Stg44 突击步枪的枪管位置示意（红色虚线），可见当时大部分枪械都采用了明显下弯的枪托

总之，相较同期所有枪械，Stg44 的设计几乎在每个方面都是颠覆性的。尽管这些设计大多并非原创，但 Stg44 将它们结合得异常完美。自马克沁发明机枪后，自动武器领域还从没有过如此集中的、巨大的、爆发性的进步。更具历史意义的是，Stg44 的布局、结构和设计思想都在后世步枪身上得到了忠实传承，它几乎以一己之力确立了现代突击步枪的整体概念和设计框架，同时开启了一个全新的时代。

看到这里，也许有人要问，到底是什么成就了划时代的 Stg44？

答案就是“自上而下”的设计模式。“自上而下”中的“上”，指的是以枪械设计师为代表的，居于知识体系和产品链顶端的、通常具有长远眼光的“顶层设计者”。而“自上而下”中的“下”，则指的是以生产厂家、一线官兵为代表的，居于知识体系和产品链末端的、通常相对短视的“基层生产者”和“基层使用者”。所谓的“自上而下”式设计，就是以设计师为主导，带动生产者和使用者完成产品迭代的设计模式。在这种模式中，生产者和使用者所要做的仅仅是接受新产品，并重新组织生产和训练，无法干涉设计过程。

▲ 这幅摄于 1947 年的照片很好地展现了“自上而下”式设计模式以及设计师的崇高地位：身为上士的卡拉什尼科夫正给几位苏军校官授课

在“自上而下”的设计过程中，往往不需要大部分人达成共识，只要“顶层设计者”达成共识就足以使研发工作顺利推进。同时，由于主导力量专业水平较高，调动资源能力极强，设计方案往往大胆而新锐，一旦设计成功，产品往往能形成领先一代甚至几代的优势。同时，由于新旧产品跨度大，新产品覆盖广，会促使配套产品和相关领域均产生大幅变革。如今的战斗机行业，就处于典型的“自上而下”的设计模式中。

作为“自上而下”的代表，Stg44 项目自启动伊始就没有获得所谓的广泛共识，更没有强烈的基层需求牵引。在它诞生前，各国军方和绝大多数枪械设计人员，对于轻武器的发展方向仍存在极大争议，甚至是备感迷茫，根本没有达成广泛共识的基础。而德军内部也没有表达出淘汰“三枪并行”装备体系的强烈意愿。相反，在他们看来，至少诞生不久、正在使用的机枪和冲锋枪仍然是十分先进的，没有冒着打破既有装备体系的风险、引入一个全新枪种的必要。

由此我们也能看出 Stg44 最初背负了多么大的风险。尽管出自枪械大师雨果·施迈瑟之手，但对于一型与任何既往产品都不存在继承关系，几乎“无中生有”的创新产品，谁也不可能断定它的命运。Stg44 和它所使用的新式短步枪弹，从立项到投入战场仅仅经历了一年多时间，研发人员恐怕根本就没打算组织大规模试验和论证。换言之，它所谓的先进性，在 1943 年之前，只是未经实践检验的“纸面空谈”。

此外，引入 Stg44 这样一种全新的武器，意味着要改变德军的既有轻武器编制体系，颠覆枪械生产厂家的生产习惯和德军士兵的使用习惯，这对身陷战争泥潭的德国而言几乎是不可接受的。因此，如果从更高层的战略视角审视，也许就不难理解希特勒为什么会断然否决 MKb42（H）方案。当过兵、扛过枪的希特勒一定在想，在前线和后勤双双吃紧的时候，为装备一种射程不如老式步枪远，近距离火力很可能也不如冲锋枪猛烈，更没经过科学试验和论证的新枪，而去投入大量人力、物力新开枪弹和枪械生产线，那简直是疯了。

就是在这样的背景下，与雨果·施迈瑟站在一个“战壕”里，同为“顶层设计者”的德国陆军兵器局，顶住了压力，用偷梁换柱的手段，让MP43（即Stg44）走上了战场。如此看来，整个Stg44项目更像是这些“顶层设计者”固执己见，不顾国情、军情、产情，做出的一次孤注一掷的豪赌，他们利用权力和资源优势，“迫使”生产厂家、后勤供应方，以及数以万计的德军官兵接受了自己的产品。

所幸，Stg44的设计成功了。是实战使它的先进性“变虚为实”，是实战使反对者改变了想法，是实战开启了属于突击步枪的时代。而“被动接受”了Stg44的德国军队，几乎是“稀里糊涂”地引领了这一时期最伟大的枪械革命。

Stg44彻底取代了辉煌数十载的栓动步枪、半自动步枪，淘汰了专用轻机枪，将冲锋枪逼出主战枪械行列，成为步兵班组的绝对核心。这对步兵战术而言无疑是一次伟大的变革，但对枪械本身而言也许更像一次无奈的妥协。

如何理解这一观点？实际上，突击步枪能轻易颠覆“三枪并行”的局面，其背后的动因就在于枪械在整个装备体系中的地位下降了。到第二次世界大战初期，枪械主导地面战争的时代早已成为历史，坦克装甲车辆以及各类火炮成为地面作战力量的绝对核心，而作战飞

▲ 与Stg44配套研发的红外夜视装置，也对枪械发展产生了巨大影响

枪械说

雨果·施迈瑟的战后经历

雨果·施迈瑟堪称20世纪最伟大的枪械设计师，他先后缔造了冲锋枪与突击步枪这两个划时代的新枪种，这也许不能仅仅归功于他超越常人的智慧与眼界，还要“感谢”那个曾经发生两场世界大战的特殊时代。

1945年4月3日，英美联军占领苏尔市，禁止了一切武器生产活动，而雨果与兄弟汉斯·施迈瑟遭到逮捕，并接受了英美武器专家的讯问。一个月后，苏军接管了苏尔地区的控制权。同年8月，苏军基于缴获的零部件组装出50支Stg44突击步枪，并没收了10785张各式图纸。10月，苏军要求雨果参与新枪械的设计指导工作。

苏联人将雨果和其他15位德国专家安置在伊热夫斯克（AK47产地），并特别为他们设置了第58研究所。据说，雨果在工作中非常不配合，每当有人向他请教设计问题时，他都以对方“没有受过正规教育”为由拒绝提供指导。为此，恼羞成怒的苏联人将他的“滞留”时间延长了半年。

1952年6月9日，雨果终于回到苏尔市。仅仅一年后，即1953年9月12日，这位枪械设计大师便因病离世。

机也开始在地面战中发挥重要作用，这一切都使枪械之于战争的价值大幅下降。尽管突击步枪的有效射程只有 400m，相较传统栓动步枪下降明显，但实际上在超过 400m 的对战中已经轮不到用枪来“说话”了。换言之，这样的性能指标，对战争而言已经足够了。

Stg44 无疑扮演了那个时代“枪械之舞”的领舞者角色，但也正是在它跃上舞台的时刻，在整幕“枪械之舞”走向高潮的时刻，人们忽然匆匆离场，奔向了由战机与坦克主导的新舞台。

3.5　第二次世界大战中的经典枪械

相比第一次世界大战时期，第二次世界大战时期枪械的地位已经大幅下降。而正所谓“夕阳无限好，只是近黄昏”，第二次世界大战中的单兵自动武器装备量仍然相当可观，半自动步枪、通用机枪、突击步枪等新型枪械，在这场人类有史以来最大规模的战争中大放异彩，扮演了不可替代的角色。

想要理清这段异彩纷呈的枪械发展史显然是十分困难的。受制于篇幅，本节只介绍各主要参战国于第一次世界大战期间或两次大战之间新设计的且参加了第二次世界大战的枪械。至于第一次世界大战前的老式枪械的改进型，例如莫辛 - 纳甘 M1944 等，则不予介绍。此外，例如苏联 DShK、美国 M2 这样的 12.7mm 大口径机枪，由于当时多作为车载或舰载武器使用，在此同样不予介绍。

苏联

AVS-36 自动步枪

AVS-36 由谢尔盖·西蒙诺夫于 20 世纪 30 年代设计，并于 1936 年投产，但仅两年后便彻底停产，总产量大约为 33000 支。这型步枪采用 15 发弹匣供弹，既可半自动射击，也可全自动射击，是较早的全自动步枪之一，设计上十分大胆。但与其他早期自动步枪一样，AVS-36 在实际使用中故障频发，可靠性很差。此外，由于 AVS-36 使用与莫辛 - 纳甘步枪相同的 7.62 × 54mmR 口径全威力步枪弹，射击时后坐力巨大，全自动射击时几乎无法控制。基于上述原因，这型前卫的自动步枪很快就被 SVT-38/40 半自动步枪全面取代。

▲ 图为 AVS-36 步枪。西蒙诺夫对苏联军方用托卡列夫设计的 SVT-38/40 步枪取代自己的 AVS-36 表达了“强烈抗议”，最后还是斯大林出面平息了两位“枪王”的口水战

SVT-38/40 半自动步枪

SVT-38/40 出自费德洛·托卡列夫之手，于 1938 年设计定型，1940 年进行了一次改进，总产量超过 100 万支。该枪采用 10 发弹容量弹匣，与莫辛 - 纳甘步枪共用 7.62×54mmR 口径全威力步枪弹。相比 AVS-36，只能半自动射击的 SVT-38/40 设计更为保守，但可靠性更高。

▲ SVT-40 半自动步枪与 SVT-38 最大的外形区别在于，SVT-40 护木前端的金属散热罩更大一些

当时，苏军对半自动步枪表现出极大兴趣，并打算用 SVT-38/40 全面取代“老掉牙”的莫辛 - 纳甘步枪，但碍于德国的全面入侵，换装计划被迫延迟。相比莫辛 - 纳甘步枪，SVT-38/40 火力更强，但结构更复杂，因此故障率也相对更高。据说德国在设计 G43 时还曾参考过 SVT-38/40。

TT-30/33 手枪

TT-30 于 1930 年设计定型，次年被苏军选作军官自卫武器，TT-33 是其改进型。

▲ 图为我国仿制自 TT-30/33 系列手枪的 51/54 式手枪，俗称“黑星”手枪

TT-30/33 系列的总产量超过 170 万把。这型手枪由费德洛·托卡列夫设计，具有成本低、易生产、易维护、可靠性高等特点，因此很快获得苏军军官们的青睐。战后，TT-30/33 系列随着苏联的军事援助项目走向全世界，中国、朝鲜等国都曾仿制过该系列手枪。我国的仿制型名为 51/54 式。据统计，如果算上这些仿制型，整个 TT 家族的产量很可能超过了 1000 万把。

DP-28 轻机枪

瓦西里·捷格加廖夫在为苏军设计 DP-28 时，就已经认识到降低制造难度和成本的重要性。DP-28 只有 80 个零件，其中很多都是易于大规模制造的冲压件，各零部件间的配合间隙相对较大，因此可靠性较高。为测试 DP-28 能否在恶劣环境下正常工作，捷格加廖夫将其在泥土中埋了一夜后挖出，结果依然能正常射击，这在当时是很了不起的成就。1928 年，该枪正式列装苏军，其改进型 DPM 于 1944 年推出。作为一型轻机枪，DP-28 也能像通用机枪那样更换枪管，只是操作相对繁琐。DP 系列机枪的总产量达到 79 万挺。我国曾仿制该系列机枪，名为 53 式轻机枪。由于该枪使用硕大的弹盘供弹，我国官兵也习惯称其为“转盘机枪”。

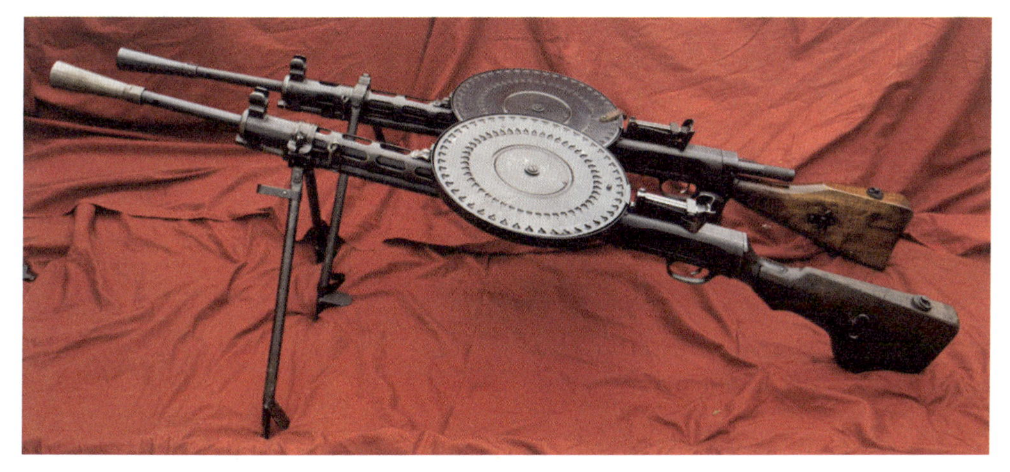

▲ DP28（近）与 DPM（远），外观上看，DPM 采用了手枪式握把，握持感更舒适

SG-43 重机枪

SG-43 于 1943 年装备苏军，用于取代马克沁 M1910 水冷机枪，并与 DP 轻机枪形成轻重火力搭配。第二次世界大战即将结束时，其改进型 SGM 问世，新老两型均作为营级武器配发。遗憾的是，SG-43 机枪的设计师 P.M. 郭留诺夫在该枪列装前就去世了。SG-43 最大的特点是采用了轮式枪架，便于使用车辆或马匹牵引，还可加装护盾，但是靠人力机动十分困难。1968 年，苏军开始以 PK 7.62mm 口径通用机枪全面取代 SG-43 系列重机枪。

◀ SG-43 重机枪采用的轮式枪架稳定性不佳且重量大，因此列装不久后便被淘汰

PTRS-41/PTRD-41 反坦克步枪

PTRS-41 由谢尔盖・西蒙诺夫设计，是一型极具特色的反坦克步枪。该枪采用桥夹装填，弹容量为 5 发，可半自动射击，配用 14.5 × 114mm 大口径机枪弹。当时，多数反坦克步枪都是栓动步枪的简单放大版，例如瓦西里・捷格加廖夫设计的 PTRD-41 反坦克步枪。但 PTRS-41 不同，它采用导气式原理，实现了半自动射击。这使其相较同类产品拥有一定的火力优势，但造价也相对高昂。反观 PTRD-41 这样的“保守派”反坦克步枪，只能单发装填、单发射击，但胜在易生产、成本低、利于大规模量产。第二次世界大战后，随着坦克装甲技术的不断进步，反坦克步枪这一专用枪种也逐渐退出了历史舞台。

▲ PTRS-41（左）与 PTRD-41（右），以及两者的配套枪弹，第二次世界大战已经是反坦克步枪的绝唱

日本

九九式步枪

九九式步枪定型于日本神武纪元 2599 年（昭和 14 年，公元 1939 年），因此得名九九式。九九式配用 7.7×58mm 口径步枪弹，日军原计划以其替换配用 6.5mm 口径步枪弹的三八式步枪，但换装计划因 1941 年 12 月珍珠港事件爆发而被打乱。在九九式步枪家族中，更为常见的并非是标准型九九式步枪，而是九九式短步枪，此外还有狙击型，以及衍生而来的二式伞兵步枪。九九式家族的总产量大约为 350 万支。除配用枪弹不同外，九九式步枪与三八式步枪在结构上基本相同。令人难以理解的是，在半自动步枪、冲锋枪已经大行其道的 1939 年，各国争相开始试验新型半自动步枪，甚至是全自动步枪的背景下，日本人只是选择"翻新"了自己的栓动步枪。

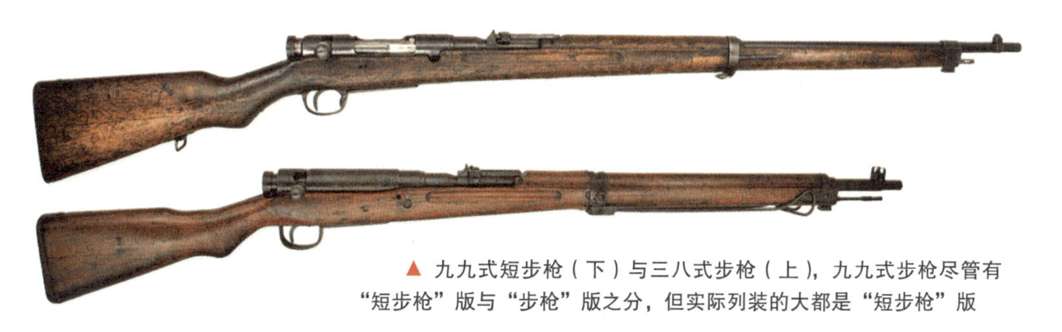

▲ 九九式短步枪（下）与三八式步枪（上），九九式步枪尽管有"短步枪"版与"步枪"版之分，但实际列装的大都是"短步枪"版

大正十一年式轻机枪

大正十一年式于 1922 年装备日军。尽管日军对当时轻机枪火力持续性不足这一问题有充分认识，但体现在大正十一年式上的解决方法却不怎么明智。该枪使用弹斗供弹，射手只需将 6 组 5 发桥夹（即弹夹或漏夹）压入弹斗，即可进行射击。射击过程中只需不断压入桥夹，即可保证一定的火力持续性。然而，实战证明这种供 / 装弹方式对于恶劣环境极其敏感，5 发枪弹打完后，

▲ 大正十一年式轻机枪与不幸的大正天皇可谓同命相连，其弹斗式供弹方式虽然新颖独特，但作为枪械供弹方式却并不合理，反而是在后世的防空炮上有不少成功应用

空桥夹常常不能及时排出弹斗，进而导致射击中断，很难实现预想中的火力持续性。因此，该枪不久后便被九六 / 九九式轻机枪取代。

九六 / 九九式轻机枪

九六式和九九式轻机枪分别设计定型于日本神武纪元 2596（公元 1936 年）和 2599 年（公元 1939 年）。两者最大的区别在于九六式使用 6.5mm 口径步枪弹，而九九式使用 7.7mm 口径步枪弹，并加装了补偿枪械闭锁间隙的调节装置。在这两型轻机枪上日本人“重回主流”，采用了弹匣供弹方式，并将弹匣上置。九六 / 九九式轻机枪都可快速更换枪管，整枪布局与 ZB-26 轻机枪相似，因此有资料称其是 ZB-26 的仿制型。但实际上，九六 / 九九式轻机枪的立闩式闭锁机构与 ZB-26 的枪机偏移式闭锁机构有很大差异，与当时的中大口径火炮反而“血缘”更近。立闩式闭锁机构虽然具有易于加工、闭锁可靠的优点，但因尺寸过大、结构臃肿，如今在枪械中已极少应用。

▲ 笔者曾拆解过与 ZB-26 轻机枪结构原理相同的勃然轻机枪（远，即 7.92mm 口径布伦轻机枪），实践证明其与九九式轻机枪（近）在核心原理上差异明显

三式 / 九二式重机枪

三式重机枪和九二式重机枪分别使用 6.5mm 和 7.7mm 口径步枪弹，前者服役于大正三年（公元 1914 年），后者服役于神武 2592 年（公元 1932 年）。这两型机枪都是货真价实的重机枪——重达 55kg，采用弹板供弹，枪管外有硕大的散热片，带有明显的哈奇开斯重机枪风格。然而，也正是因为采用了弹板供弹方式，这两型机枪的火力持续性与当时其他重机枪相比严重不足。好在得益于大重量和低射速，这两型机枪的射击精度都不错。

▲ 九二式重机枪。三式 / 九二式重机枪都可算作哈奇开斯重机枪的"进化版"，硕大的散热片就属于典型的哈奇开斯重机枪设计元素

南部九四 / 十四式手枪

南部九四式手枪于日本神武纪元 2594 年（公元 1934 年）服役，而南部十四式手枪于大正十四年（公元 1925 年）服役。这两型手枪都使用杀伤效果不佳的 8mm 口径南部手枪弹，因此威力在同期手枪中稍显不足。此外，这两型手枪的可靠性都或多或少存在问题，尤其是九四式，得到了"世界最差手枪""自杀都不可靠"等差评，可算是南部麟次郎的最大败笔。

▲ 南部九四式手枪（左）与南部十四式手枪（右），两者总体而言都不成功

百式冲锋枪

日军在自研冲锋枪前，曾少量引进过德国的 MP18 冲锋枪，因此对冲锋枪的设计有一定概念。百式冲锋枪的设计工作起步较晚，于日本神武纪元 2600 年（公元 1940

▲ 百式冲锋枪性能不佳且不便于大规模量产，设计上比较失败

年）定型，1942 年才列装日军，总产量大约为 25000 支，使用 8mm 口径南部手枪弹。第二次世界大战中，日军长期在东南亚雨林和太平洋海岛中作战，本应对冲锋枪有强烈需求。然而，受制于武士道思想，日军的冲锋枪发展一直相对缓慢，甚至给部分百式冲锋枪装上了刺刀卡榫和两脚架，这显然与当时的冲锋枪发展潮流格格不入。百式冲锋枪除采用全弯弹匣可算是一个进步外，包括木质枪身、直握把、机加工散热筒、侧置弹匣在内的设计都是相对落后的，此外其加工工艺也不利于大规模量产。整体而言，它与第一次世界大战后诞生的 MP28 冲锋枪处于同一水平。

意大利

伯莱塔 1938 式冲锋枪

伯莱塔 1938 式冲锋枪是第二次世界大战中意大利军队的制式冲锋枪，德国、日本和罗马尼亚等国也曾采购。该枪射速约为 600 发 /min，使用 9×19mm 口径巴拉贝鲁姆手枪弹，有 1938A、1938/42 等多种改型，可选 10、20、30、40 发等多种规格弹匣。伯莱塔 1938 式做工精良，精度很好，采用双排双进下置弹匣，这在当时算是一个亮点。然而，碍于工艺较复杂，该枪不便于大规模生产，总产量不大。第二次世界大战中，伯莱塔 1938 式冲锋枪与伯莱塔 1934 式手枪是意大利为数不多的“拿得出手”的枪械，但碍于产量不大且意军表现糟糕，两者影响力远不如德国的 MP40 和瓦尔特 PPK。

▲ 伯莱塔 1938A 型冲锋枪在设计上可圈可点，但由于产量不大，且意大利军队表现糟糕，其影响力也相对较小

英国

布伦轻机枪

布伦机枪是第二次世界大战中英国军队的主力轻机枪，由捷克的 ZB-26 轻机枪改进而来，采用 30 发上置弹匣供弹，发射英国的 0.303in（7.7mm）口径步枪弹。该枪采用气冷设计，可快速更换枪管，精度、可靠性和人机工程学设计都出类拔萃。如果没有 MG34/42 通用机枪“搅局”，布伦轻机枪及其原型枪 ZB-26 就很可能有机会当选“二战最佳机枪”。

虽然被划入轻机枪范畴，但布轮机枪也配有三脚架，可临时“扮演”重机枪。只是碍于标配的 30 发弹匣容弹量过少，而另外配发的 100 发弹鼓又装备量过少，其火力持续性很难与主流重机枪相媲美。在英国和英联邦国家军队中，布伦机枪的装备密度很高，几乎都实现了每个步兵班一挺。

布伦机枪通常编制为由两人携行和操作，但实际上只需要一名主射手就能携行和射击，副射手往往只需要携带弹药、备用枪管和维护工具。而实战中，几乎每名英军士兵都会帮忙带上两个布伦机枪的弹匣。1958 年，北约（NATO）统一弹药制式后，对布伦机枪青睐有加的英国人，甚至特意改装出发射 7.62mm 口径 NATO 弹的 L4 型布伦机枪。

▲ 布轮机枪采用 30 发弯弹匣，弹容量较 ZB-26 的直弹匣增加了 10 发，火力持续性有一定提高

美国

M1/M1941 半自动步枪

1936 年，由约翰·加兰德设计的 M1 半自动步枪成为美国陆军的制式步枪。它是美军大规模装备的第一型半自动步枪，同时也是第二次世界大战中最成功（注意，不是最先进）的半自动步枪。得益于 M1 步枪较高的射速，美军士兵在面对使用栓动步枪的日军士兵时占了很大便宜。尽管口碑颇佳，但 M1 步枪并非完美无缺，它使用的 8 发漏夹弹容量偏小，操作也远不如弹匣方便。此外，作为 20 世纪 30 年代诞生的枪械，M1 步枪的零部件大多仍采用铣削加工工艺，而非更利于大规模量产的冲压加工工艺，这样“败家”且逆潮流的设计恐怕也只有“巅峰”时期的美国军队才用得起。

同期问世的 M1941 半自动步枪由梅尔文·约翰逊设计，它在竞标中输给了 M1 步枪，因此只装备了当时缺枪少弹的美国海军陆战队。相较 M1 步枪，M1941 的后坐力更小，弹容量达到 10 发，性能上算是平分秋色。遗憾的是该枪的供弹机构设计怪异，可靠性低，小零件过多，加工工艺复杂，产量十分有限，总体上并不成功。

▲ M1 加兰德半自动步枪（上）与 M1941 半自动步枪（下）。两型枪中，M1 口碑更好、名气更大。但相较同期德军的 Stg44 突击步枪而言，两者都略显落伍

M1/M2 卡宾枪

M1/M2 卡宾枪与 M1 步枪间有亲密的“血缘”关系，三者口径同为 7.62mm，但使用 7.62×33mm 口径枪弹的 M1/M2 卡宾枪，在威力上比使用 7.62×63mm 口径枪弹的 M1 步枪小得多。因此，M1/M2 更多作为单兵自卫武器配发给士官、通信兵等作战人员。

相较 M1 步枪，M1/M2 卡宾枪更便于分解和维护，重量也更轻。M1 卡宾枪采用 15 发弹匣供弹，火力持续性较好，后坐力也小，最值得一提的是其重心就位于扳机附

近，加之重量轻，操作十分方便。M2 相较 M1 增加了全自动功能，换装了 30 发弹匣，如此一来已经十分接近突击步枪。当然，碍于直握把、木质枪身、弯枪托等保守设计，其在性能上很难与 Stg44 相提并论。

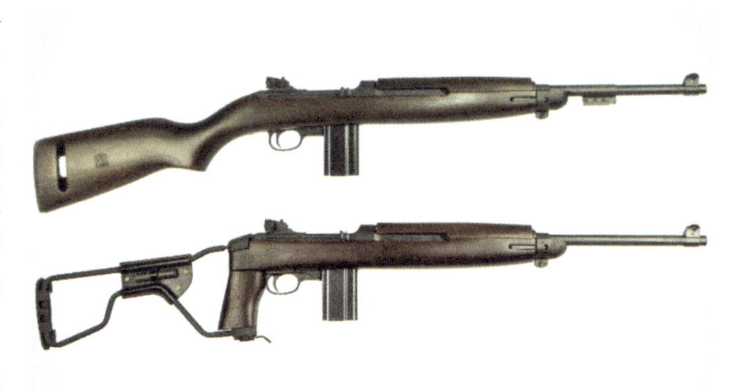

▲ 普通版（上）和伞兵版（下）的 M1 卡宾枪

M1/M2 卡宾枪的最大缺陷就是威力较小，两者使用的 7.62×33mm 口径枪弹，枪口动能只有 1311J，而 Stg44 可达约 1900J。雪上加霜的是，形状酷似手枪弹的 7.62×33mm 口径枪弹，采用了步枪弹中罕见的圆弹头，存速能力、侵彻力都较差，弹道十分弯曲，有效射程与真正的突击步枪相差较大。

▲ M1 卡宾枪的 7.62×33mm 口径枪弹（下）与 M1 加兰德步枪的 7.62×63mm（.30-06）口径枪弹对比，采用圆弹头设计极大限制了其威力

M1/M1928 冲锋枪

尽管我们习惯将 M1928 冲锋枪和 M1 冲锋枪都称为汤姆逊冲锋枪，但严格意义上划分，这实际上是两型完全不同的冲锋枪。M1928 采用了半自由枪机自动方式，而 M1 采用了相对简化的自由枪机自动方式。

M1928 冲锋枪为第一次世界大战而生，却没能赶上第一次世界大战。由于造价高达 180 美元（相当于当时一辆家用轿车的价格，也有资料称是 209 美元），生不逢时的 M1928 鲜有他国军队问津，最终沦为美国黑帮的“宠儿”。第二次世界大战爆发后，美国军队的枪械需求量大增，这便催生了 M1928 冲锋枪的“简化版”—— M1 冲锋枪。

除自动原理上的差异外，M1928 上的散热片、立框式表尺等也都在 M1 身上被一一省掉。尽管如此，M1 的成本相较同期其他冲锋枪依然不低，达到了 45 美元。此外，由于工艺上未做很大调整，M1 与 M1928 一样不便于大规模量产。整个汤姆逊冲锋枪家族还涵盖了 M1921、M1927、M1A1 等多种型号，可谓人丁兴旺。

◀ M1 冲锋枪。M1928 冲锋枪的拉机柄在机匣顶部，而不是像 M1 一样位于机匣右侧

M3 冲锋枪

受英国司登冲锋枪影响，美国人也推出了自己的“廉价冲锋枪”，即 M3。该枪采用了主流的下置弹匣、手枪式握把、金属伸缩枪托，全枪没有一个木质零件，也没有累赘的散热筒，便于大规模生产，客观而言具有一定的技术先进性。某种程度上讲，这型造价仅 20 美元（也有资料称 5 美元）的冲锋枪，可算作司登冲锋枪的“完美进化版”，其保险机构更完善、人机工程更好，可谓性价比极高。

M3 冲锋枪的缺陷在于射速较低，只有约 450 发 /min，火力在同类枪械中毫无优

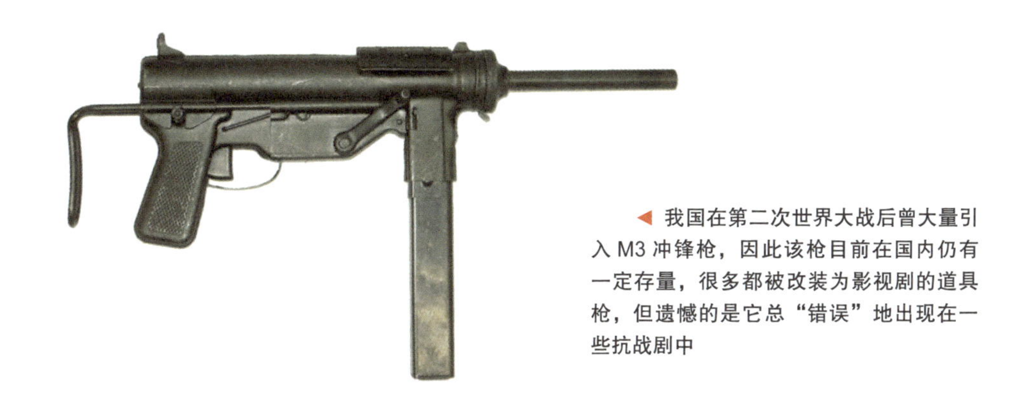

◀ 我国在第二次世界大战后曾大量引入 M3 冲锋枪，因此该枪目前在国内仍有一定存量，很多都被改装为影视剧的道具枪，但遗憾的是它总“错误”地出现在一些抗战剧中

势。此外，由于 1943 年才开始量产，M3 总产量只有 70 万支左右，在司登冲锋枪面前相形见绌。

BAR/M1918 步枪

这款枪全称为勃朗宁自动步枪。作为早期自动步枪之一，BAR 存在后坐力过大、连发射击精度差的缺陷，同时重量达到了 7.25kg，作为步枪严重超标。因此，BAR 虽名为步枪，但并没有发挥步枪的作用，一直被美军当作轻机枪使用。

BAR 可以进行半自动射击，也可以进行全自动射击，使用 20 发弹匣供弹。该枪原计划填补第一次世界大战堑壕战中美军单兵火力的空白，但却没能赶上第一次世界大战。在后来美国制造商和 FN 公司的改进中，BAR 相继加装了两脚架和提把，甚至改用了可快速更换的枪管，慢慢进化为一型真正的轻机枪。

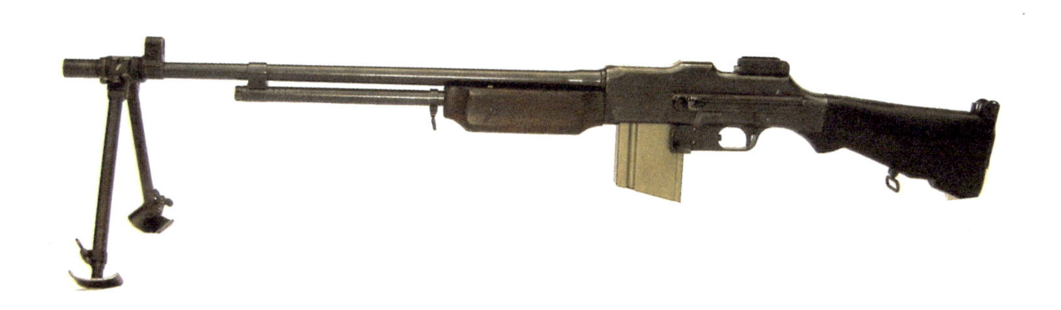

▲ BAR 有多个型号，美国和比利时都有生产，图为 M1918A2，加装有两脚架

M1917 重机枪 /M1919A4/A6 机枪

M1917 机枪和 BAR 步枪是约翰·勃朗宁同时研发的两型枪械。不同于 BAR 所走的“自动步枪”设计路线，M1917 是一型纯粹的水冷重机枪。客观而言，M1917 在第

一次世界大战时表现尚可，但到第二次世界大战时，其帆布弹链和水冷机构等设计已显落伍。M1919机枪是M1917的改进型，换用气冷方式，在枪管外加装了风冷散热筒。

第二次世界大战中，M1919机枪主要有A4和A6两个型号。其中，A4是标准重机枪型，要装在三脚架上才能射击。而A6型则是美军见识了MG34/42通用机枪的威力后，推出的“通用化”改进型。其主要改进是加装了与MG34/42一样的枪托、握把和两脚架。但实战证明，不能快速更换枪管、仍然使用帆布弹链（也有少量金属弹链）的M1919A6在技术水平上远不及MG34/42。

◀ M1917机枪虽然也有一个手枪式握把，但显然无法让人像操作轻机枪那样操作它

▶ M1919A4机枪是一型“纯正”的重机枪

▲ M1919A6 机枪，它加装了提把、枪托和两脚架，有了通用机枪的“味道”，但无法快速更换枪管

捷克

ZB-26 轻机枪

ZB-26 是一型对枪械发展产生深远影响的轻机枪。它采用枪机偏移闭锁、长活塞导气式原理，导气孔下置，导气量可调节，枪管可快速更换，枪口处配有消焰器，当时的先进设计元素可谓“应有尽有”。该枪采用 20 发弹匣供弹，弹匣上置，使用德国 7.92×57mm 口径枪弹。整体而言，ZB-26 做工精良，枪托、握把和两脚架设计合理，人机功效良好、精度高、可靠性高。此外，其枪托中还装有缓冲装置，可减小后坐力。

ZB-26 大量出口到多个国家，其“长活塞 + 可调导气量式导气机构”成为后世机枪的标配，比利时的 MAG58、苏联的 PK 和我国的 67 式，都采用了这种机构。

▲ 捷克原产的 ZB-26 机枪工艺精湛，广受好评

德国

PP/PPK/P38 手枪

PP/PPK/P38 三型手枪都由瓦尔特公司研发，均具有单 / 双动功能。PP 是 7.65mm 口径小型警用手枪，PPK 是 PP 的袖珍型，P38 则是 9mm 口径军用手枪。当时，以 M1911 为代表的自动手枪大多只有单动功能，而兼有单动和双动功能是转轮手枪的“绝活”。自 PP/PPK/P38 问世后，自动手枪开始普遍兼有单动和双动功能，转轮手枪因此被彻底赶下了战争舞台。

▲ PPK 手枪（右）与我国以其为基础改进的 64 式手枪（左）

◀ P38 手枪尺寸较大，是典型的战斗手枪，而非 PP 那样的自卫手枪

G41/G43 半自动步枪

第二次世界大战初期，德军开始研发用于取代毛瑟 98 步枪的半自动步枪。为此，毛瑟公司推出了 G41（M），瓦尔特公司推出了 G41（W）。遗憾的是，两者不约而同地采用了不怎么可靠的枪口集气式自动原理。采用这种原理无需在枪管上钻导气孔，而是通过收集枪口燃气完成自动动作，因此生产加工较方便。然而，由于集气装

▶ G41 步枪采用枪口集气式自动原理，因此其枪口处有一个粗大的集气装置

置位于枪口处，必须在枪内安装一根很长的连杆，才能将导出的火药燃气能量传递给枪机和枪机框。G41 的枪管长度达到 546mm，这意味其连杆长度也要接近甚至大于 546mm。而制造如此细长的连杆，是很难保证强度和刚度的，同时也有较大的结构死重。此外，位于枪口的集气装置重量大、重心靠外、容易磕碰，不便于射击操作。更重要的是，枪口处的火药燃气能量往往不够充足，难以高效驱动枪机动作。总而言之，当时采用枪口集气式自动原理的枪械，无论是早期版 M1 加兰德步枪，还是 G41 步枪，最后都无一例外地失败了，而这一自动原理也成为枪械设计中的一块“死地”。

鉴于 G41 步枪的设计非常不理想，瓦尔特公司借鉴苏联 SVT-38/40 步枪的设计，又推出了 G43 步枪。这次瓦尔特公司老老实实地采用了常规导气方式。纯粹从技术角度看，采用 10 发弹匣供弹的 G43，比 M1 加兰德步枪还要更优秀些。但此时 Stg44 突击步枪已经量产，对德军而言，再装备一种只是外形上“传承性”更强，性能上却没有多大突破的新步枪，完全是没有意义的。

采用常规导气方式的 G43 步枪，枪口就比 G41 看起来“纤细”多了

FG42 全自动步枪

FG42 是一型专为伞兵研发的步枪。第二次世界大战中，德国空军发现同时为步兵单位装备机枪、冲锋枪和栓动步枪并非明智之举，尤其是对经常处于补给困难境地、后勤压力巨大的伞兵而言。为此，空军希望陆军兵器局研发一型使用

7.92×57mm 口径标准步枪弹的“通用枪械”。而当时陆军兵器局却正执着于自己的 7.92×33mm 口径中间威力枪弹。于是，空军开始自行研发使用标准步枪弹的新步枪，成果就是 FG42。

整体而言，FG42 采用了一些别出心裁的设计，例如单发时为闭膛待击，而连发时为开膛待击。此外，它采用了前卫的直枪托和手枪式握把，并大量引入了冲压加工工艺。只有侧置式 20 发弹匣算是一个败笔。遗憾的是，由于仍然固执地使用全威力步枪弹，特意加装了制退器的 FG42 后坐力还是太大了，连发射击效果无法与 Stg44 相提并论，而后者显然才是伞兵的理想选择。

▲ 加装刺刀的 FG42 步枪，可见其布局较为奇怪，而整体性能上更是远不及 Stg44

法国

MAS-36 步枪

20 世纪 30 年代，法德之间的对抗气氛日益加重，为此，法国军队决定升级制式步枪，由此催生了发射新式 7.5×54mm 口径步枪弹的 MAS-36 步枪。该枪的设计亮点颇多，例如采用后置闭锁凸榫，开闭锁动作顺畅；瞄准具视野开阔，有利于提高瞄准速度；拉机柄向前下方弯曲，能有效防止钩挂等。

▲ MAS-36 步枪的设计虽然可圈可点，但处境却十分尴尬

然而，尽管看起来如此“优秀”，但 MAS-36 终归不过是一型栓动步枪。在半自动步枪已经方兴未艾的背景下，法国人仍然固执地研制一型全新的栓动步枪，实在令人匪夷所思。到 1940 年法国投降，只有少数法军部队换装了 MAS-36。德军占领法国后，选择继续生产 MAS-36，用于装备占领区的卫戍部队。

MAS-38 冲锋枪

7.65mm 口径 MAS-38 冲锋枪是第二次世界大战中法国军队的制式冲锋枪。该枪整体设计紧凑且独具特色，为缩短全枪长，其枪机后坐时会进入枪托内，同时，其枪机轨道与枪管成一定角度，不像大部分枪械那样是平行的。它还有一个独特的扳机保险——向前推动扳机即可置于保险状态。然而，直到 1940 年兵败如山倒时，MAS-38 的产量也只有可怜的 2000 支，大部分都成了德军的战利品。

◀ 特立独行的 MAS-38 冲锋枪

比利时

BHP 手枪

▲ FN 公司至今也没能推出一型在名气上超越 BHP 手枪的新产品

由 FN 公司生产的 BHP 手枪全称是“勃朗宁大威力手枪”。这个名字其实很有误导性。首先，BHP 并非勃朗宁亲自设计，它诞生于 1936 年，而勃朗宁 10 年前就已经去世了。准确地说，该枪是基于勃朗宁的设计方案，由勃朗宁的弟子完善设计而成的。其次，BHP 的大威力名不副实。它使用 9×19mm 口径巴拉贝鲁姆手枪弹，这是当时欧洲最常见的手枪弹之一，威力并不比同期其他手枪弹更大。如果非要论高低的话，

BHP 的优势其实体现在弹容量上，其 13 发弹容量相较同期其他手枪的 7~8 发要高出一大截，因此火力持续性更高。

除此之外，BHP 的握把纤细、人机工程好、可靠性高且便于分解维护，是当时乃至此后 20 年间的“最佳手枪”。BHP 的设计深刻影响了后世枪械的发展。如今，包括英国、加拿大、澳大利亚等国在内的至少 55 个国家的军队或治安部门都还在使用这型手枪。

芬兰

M1931 索米冲锋枪

9mm 口径索米冲锋枪是芬兰军队的制式冲锋枪，在 1939 年 11 月至 1940 年 3 月间爆发的苏芬战争中大放异彩，有“二战最佳冲锋枪”的美称。索米冲锋枪枪管较长，加工水平较高，精度比一般的冲锋枪更为优秀。索米的拉机柄设计特殊，枪尾严格密封，形成了一个“气压缓冲器”，减轻了自动机（枪机）后坐到位的撞击力，提高了精度，降低了射速，设计非常大胆。此外，索米还设计有一个 71 发弹容量的大弹鼓，弹容量远超同期冲锋枪。

不过，由于诞生年代较早（1931 年），索米不可避免地遗传了一些老式冲锋枪的通病，例如采用老式直握把、带有散热筒、几乎没有冲压零件，过于追求精度导致造价高昂。对于第二次世界大战这种持久的全面战争，一型昂贵且产量较小的冲锋枪，与廉价化、通用化的时代主流显然是格格不入的。

▲ 索米冲锋枪和配套的 71 发弹鼓，其总产量只有 8 万支

第 4 章　小口径突击步枪时代

尽管 Stg44 突击步枪在第二次世界大战中异军突起，其设计理念也对参战国的枪械发展产生了巨大冲击，但战争结束之初，大多数国家似乎对 Stg44 的先进性选择了“视而不见”，以 M14、FAL 和 G3 为代表的全威力枪弹自动步枪反而“逆流而上”，成为这一时期的主流。

与此同时，苏联军队装备的发射 7.62×39mm M43 式中间威力枪弹的 AK47，成了为数不多的、货真价实的突击步枪。突击步枪时代要服从突击步枪的法则，AK47 超越 M14 之流是一件自然而然的事。而 AK47 的先进性，也绝不仅仅是选对了子弹那么简单。

4.1 真“经典”与假“粗糙”——永恒的 AK47

AK47 之父米哈伊尔·季莫费耶维奇·卡拉什尼科夫曾说：“把一件武器变复杂很简单，把它变简单却很复杂。”

按照大多数人的理解，AK47 是一种很简单的武器，因为简单，所以无缺陷，因为无缺陷，所以可靠性高。

◀ 俄罗斯 2014 年发行的米哈伊尔·季莫费耶维奇·卡拉什尼科夫及 AK47 纪念邮票

然而，如果真的有一种又简单又好的结构存在，那么此后所有枪械的结构必然都会朝着这个方向发展——AK47 的结构应该一统天下才对。可事实上，无论在 AK47 的鼎盛时期，还是在它的后辈们大都已步入“中年”的今天，都没有出现这种局面，枪械结构反而愈发多样化。

你也许产生了这样一个疑问：AK47 真的很简单吗？

答案自然是否定的。至少在笔者看来，即使放之于整个枪械领域，AK47 的结构都算得上“最复杂之一”。它恰恰是凭借着复杂的结构设计，彻底解决了困扰枪械设计界多年的“楔紧”问题，达到了无任何理论性缺陷的高超设计境界，实现了所谓“逻辑复杂、操作简单”的目标。

在 AK47 之前，半自动步枪、自动步枪常用的闭锁机构大多为枪机偏移闭锁机构。较早的 ZB-26、Stg44，甚至与 AK47 同时期的 SKS 半自动步枪，都采用了这种闭锁机构。采用枪机偏移闭锁机构的枪械，其枪机大体为长方体，通过几个斜面完成开闭锁。这种闭锁机构结构简单，外形简洁且易于加工，但存在一个固有缺陷：枪机框带动枪机复进时，由于是斜面 / 螺旋面带动，除前后方向的运动外，还会产生一个沿斜面 / 螺旋面方向的运动。这个沿斜面 / 螺旋面的运动会导致枪机与机匣限位轨道贴紧，产生剧烈摩擦，消耗复进能量。这一现象称为“楔紧”，是影响枪械可靠性的重要因素之一。如果枪械的使用环境较为恶劣，枪机复进阻力增大，那么“楔紧”现象就会随之恶化，导致推弹无力、不闭锁、复进不到位等一系列故障。

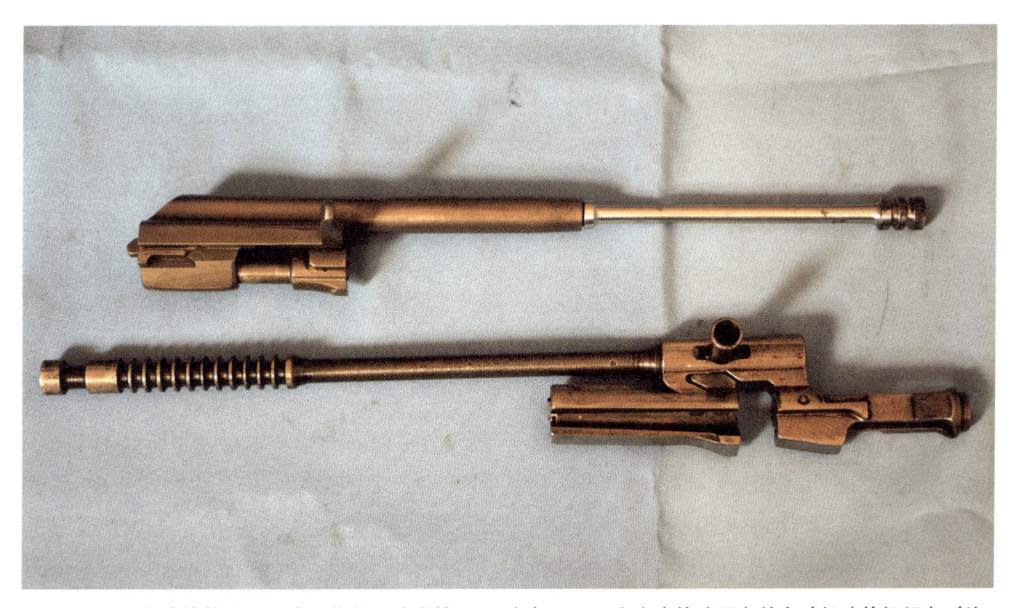

▲ 56-2 式冲锋枪（上，我国仿制、改进的AK47）与Stg44 突击步枪（下）的自动机（枪机组）对比，后者是典型的枪机偏移闭锁机构，前者则是典型的枪机回转闭锁机构

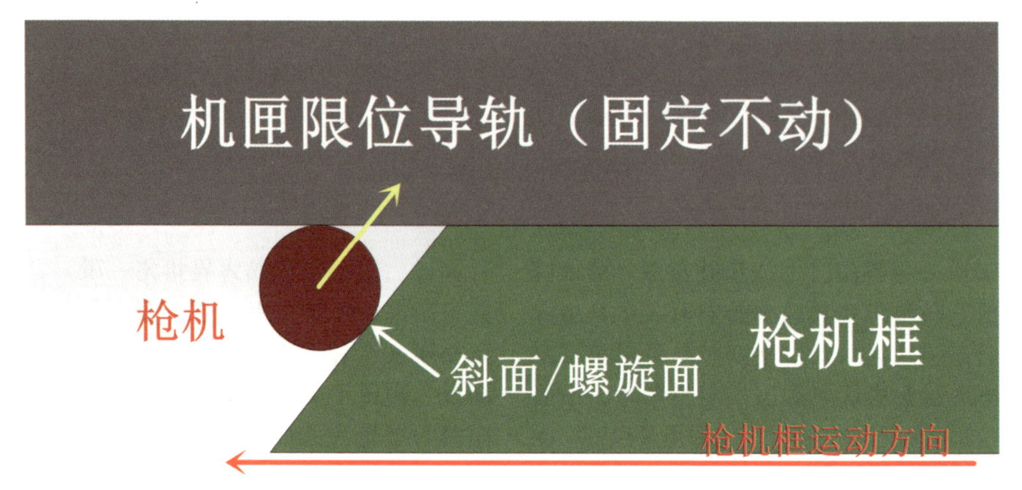

▲ 斜面带动回转闭锁机构“楔紧”示意图。“楔紧”过程实际上较为复杂，这是高度简化后的示意图。当枪机框沿红色箭头方向前进时，枪机会沿黄色箭头方向运动（转动），贴紧机匣限位导轨，产生剧烈摩擦

起初，设计师们试图通过增大复进能量的方式来解决“楔紧”问题，但随后发现“楔紧”问题反而会随之加剧。此后，这一问题便如梦魇般困扰着所有自动枪械。无论是回转闭锁的M1加兰德、M1卡宾枪，还是偏移闭锁的Stg44、FN FAL、SKS和MAG，都无法解决这个问题。于是，大多数枪械设计师都开始选择无视“楔紧”问题——VZ58、M16等经典型号，实际上都是带着“理论性缺陷”诞生的。

AK47的诞生，彻底驱除了“楔紧”的梦魇。卡拉什尼科夫首次在步枪设计中引入了由平面带动的回转闭锁机构。AK47的枪机闭锁面由带动平面和斜面/

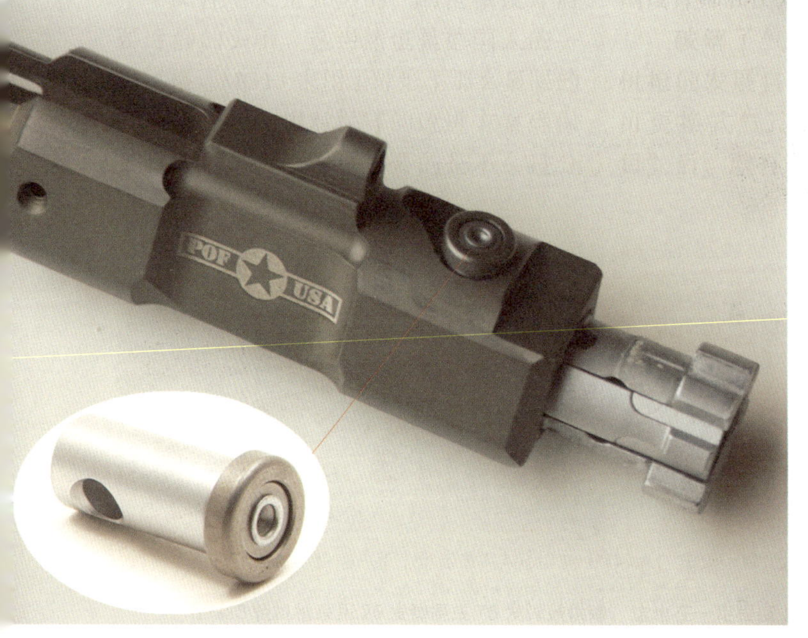

◀ 美国POF公司推出的适用于M16/M4/AR-15系列步枪的防“楔紧”改件。通过在开闭锁导柱上增加一个滑轮，可以将滑动摩擦改为滚动摩擦。这一方法虽然无法根除“楔紧”问题，但能大幅减轻其影响

螺旋面两部分组成，枪机复进时由平面带动，可能贴上，但绝不会贴紧机匣限位导轨。待即将闭锁时，枪机与节套上启动斜面配合，转动大约 5°，脱离平面带动，转为斜面 / 螺旋面带动，迫使枪机回转并完成闭锁。增加带动平面后，“楔紧”现象被完全消除。采用这一结构付出的代价是，AK47 的节套上要增加启动斜面，枪机增加了回转角度，闭锁齿根部也要增加相应的预转，让位于斜面 / 倒角，无论加工还是设计都变得更为复杂。

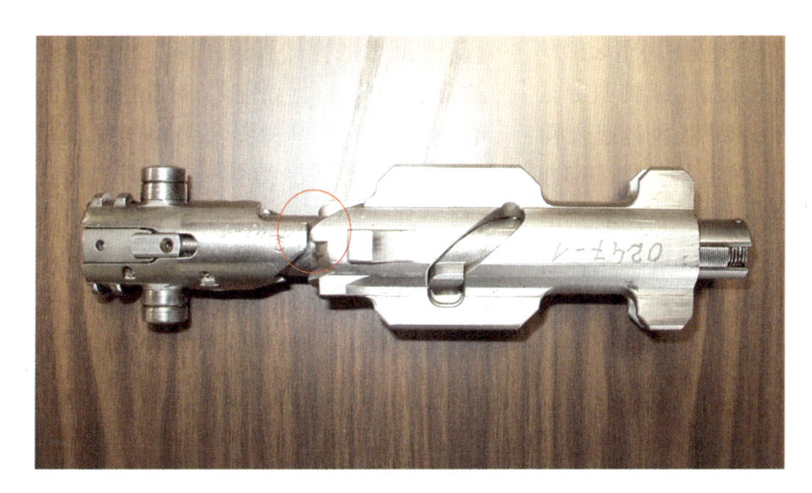

◀ MG34 机枪的枪机带动平面。据笔者考证，MG34 机枪应该是目前可考的，最早设计有带动平面（红圈处）的回转闭锁枪械

◀ 无带动平面（上）与有带动平面（下）的开闭锁螺旋槽对比，红圈处为带动平面。M1 步枪、M1 卡宾枪的螺旋槽都是无带动平面的，因此都存在“楔紧”问题

平面带动无疑是AK47步枪设计中的最大亮点。随着“楔紧”问题的彻底解决，回转闭锁终于成为一种“无理论性缺陷”的完美闭锁机构。相较偏移闭锁，回转闭锁本就是一种更为先进的闭锁机构，它闭锁强度高、刚度大、体积小巧、开闭锁动作有力。采用回转闭锁机构的枪械，机匣只受前后方向的力，而不像偏移闭锁那样还要受上下方向的力。换言之，回转闭锁枪械的机匣只承受拉 - 压力，而不承受扭转和弯曲力矩。金属的抗拉 - 压性能通常是抗弯曲、抗扭转性能的数倍，只承受拉 - 压力的机匣，即使大幅减重后，强度和刚度也是有保障的。

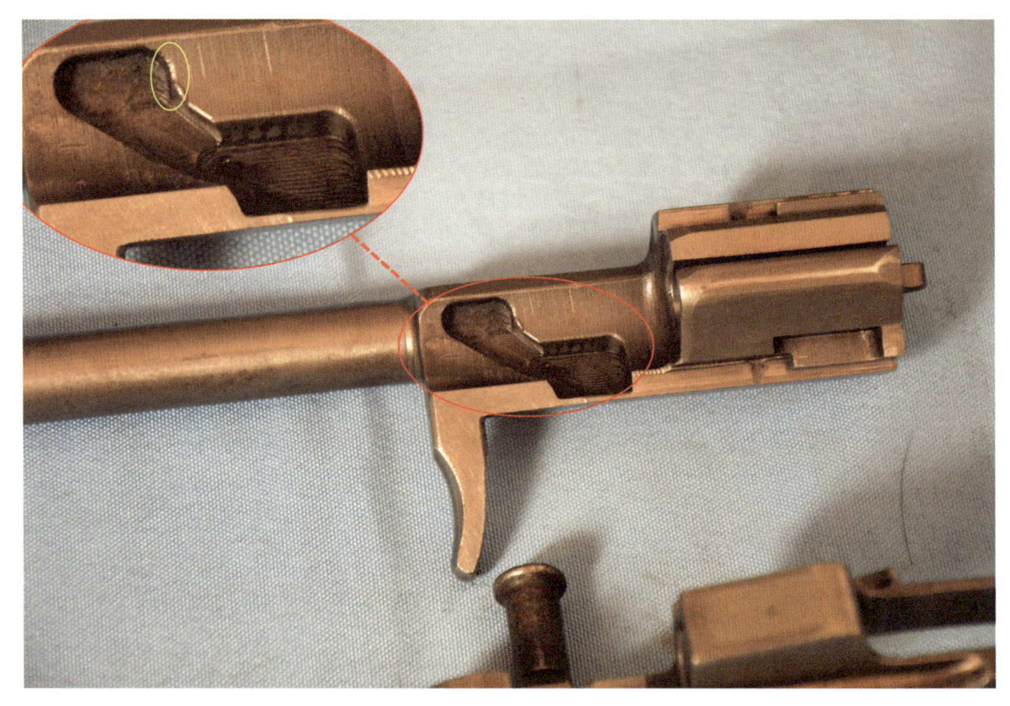

▲ 56-2 式冲锋枪的螺旋槽，黄圈内为带动平面。“平面 + 斜面 / 螺旋面”的带动方式彻底解决了“楔紧”问题，AK47 步枪傲人的可靠性正源于此

1959年，在AK47的改进型AKM步枪上，卡拉什尼科夫将切削机匣改为冲压机匣，并大幅降低了机匣壁厚以减轻整枪重量。AKM的整枪重量只有3.1kg，是当时世界上同枪管长度下最轻的突击步枪之一，而其高可靠性又是有口皆碑的。重量轻、可靠性高的回转闭锁机构迅速“征服”了各国设计师。战后枪械的闭锁机构逐渐由偏移闭锁、滚柱闭锁、回转闭锁共存，发展为回转闭锁一统天下。卡拉什尼科夫的高超设计对推进这一发展过程功不可没。

除闭锁机构外，AK47上还有很多相对复杂的设计元素。其闭锁齿为一大一

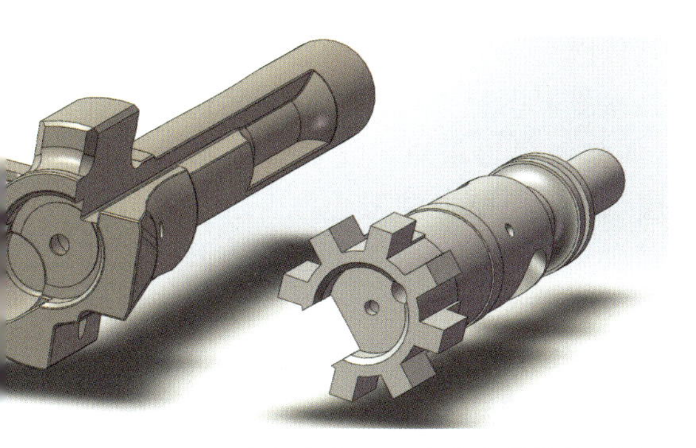

▲ AK47（左）与 M16（右）的枪机对比。AK47 的枪机外形相对怪异，不够规整、简洁，这正是其复杂设计的佐证。从三维建模和绘图的角度看，AK47 的枪机也的确十分难画

小，且长、宽、高参数均不一致。这种闭锁齿在设计、校核、加工过程中，远没有 M16 步枪的等大小齿方便，但胜在闭锁面积更大、安全性更高。

AK47 步枪的抛壳挺安装在机匣上，枪机和枪机框上要设计、加工出让位槽，机匣形状也较为复杂。相比之下，M16 采用的弹性抛壳挺，不需要让位，机匣形状也更简单，但可靠性就要略逊一筹。

此外，AK47 的枪机闭锁支撑面是肉眼几乎很难察觉的螺旋面，而 M16 是直面。螺旋闭锁支撑面便于闭锁，同时能产生一定的预开锁效果，有利于抽壳，能提高恶劣环境下的可靠性，但加工也要麻烦得多。

AK47 是一型让人看起来很矛盾的武器，从工艺观感上讲，它的确很粗糙，但从设计和加工流程上讲，它又是极其复杂、繁琐的。而正是复杂、繁琐的设计，为它带来了更高的冗余和安全系数，同时也让“无理论性缺陷”成为可能。

总之，请不要再将 AK47 的高可靠性归功于所谓的“加工粗糙”，它的高可靠性完全是设计出来的。

回过头来，我们再看“把一件武器变复杂很简单，把它变简单却很复杂”这句话，就不难理解其内涵了：产品外观上的“简单”，以及性能上的先进性，往往源于设计师的复杂构思。枪械设计中的最优解不见得是最复杂的，但发现最优解的过程一定是复杂的。产品性能的提升靠的是一代又一代人的智慧，而不是什么“简单就是好”这样所谓的真理。

在 AK47 的影响下，很多国家相继放弃了成熟的老结构，走上了“复杂而又简单”的设计道路：比利时的 FN 公司设计了与 AK47 几乎同理念、同构架的 FNC 步枪和 FN Minimi 机枪；瑞士的 SIG 公司设计了 SG550 系列步枪；以色列设计了加利尔步枪；我国的 81 式、03 式等步枪也都深受 AK47 的影响。

当然，即使是无“理论性缺陷”的 AK47，在设计上也是存在一些“粗糙”之处的。首先，AK47 采用了难于生产加工的切削机匣和下弯式枪托，至少在这两点上，它的设计理念还不如 Stg44 先进。其次，受制于 7.62 × 39mm 口径 M43 弹，无论 AK47 还是 AKM，后坐力仍然偏大，连发射击精度依旧不理想，这也是整个 AK 家族最受诟病的一点。

AK47 无疑是幸运的。Stg44 开启了突击步枪的时代，但在德国全面溃败的背景下注定只能昙花一现，而 AK47 作为战后初期唯一忠实接过 Stg44 衣钵的新生代，在革命性设计的加持下，真正引领着突击步枪走向了辉煌，甚至是永恒。

枪械说

大师失手造就的机遇

在第二次世界大战结束后的苏联“自动枪”竞标中，卡拉什尼科夫其实面临着很大的压力——捷格加廖夫、西蒙诺夫等设计师都参与了竞标。不同于当时仍籍籍无名的卡拉什尼科夫，捷格加廖夫等人早已声名在外，在军政两界都有相当的影响力。兵器工业向来受政治因素左右，卡拉什尼科夫中标的希望原本是很渺茫的。但或许是陶醉于之前的成就，或许是天不假年，这些老“枪王”们最终都成了“绿叶”。

托卡列夫选择将自己的 SVT 半自动步枪改造为全自动步枪参加竞标。这种带着执拗劲儿的“省事”方案自然没能换来好结果。而身为卡拉什尼科夫“老朋友”的西蒙诺夫也许是为 SKS 半自动步枪耗费了太多精力，最终提出的设计方案显得粗糙而简陋。设计 PPS43 冲锋枪的苏达耶夫于 1946 年英年早逝，他原本被卡拉什尼科夫称为“大家最看好”的方案也随之没落。PPSh41 冲锋枪的设计师什帕金受冲锋枪影响太深，竟然拿出了采用自由枪机原理的设计方案，最终因与中间威力枪弹“八字不合”而遭淘汰。至于当时已经衔至少将的捷格加廖夫，卡拉什尼科夫在回忆录中称他“不知为何表情冷淡，毫不掩饰他对比赛（竞标）结果的漠不关心。”捷格加廖夫看到卡拉什尼科夫的样枪后，便当场宣布退出了竞标。

▲ 自上而下依次为托卡列夫、西蒙诺夫、苏达耶夫、什帕金的竞标设计方案。其中，托卡列夫方案与 SVT-38/40 步枪十分相似，而什帕金方案则与 PPS43 冲锋枪大同小异（注意，什帕金其实是 PPSh41 的设计师）

4.2 标准化下的无奈 ——三大 7.62mmNATO 弹自动步枪

第二次世界大战结束后，鉴于 M1、BAR 等制式枪械在设计上已显落伍，美国军队决定开发一种能一次性替代 BAR、M1 步枪、M3 冲锋枪和 M1/M2 卡宾枪的新式枪械。毫无疑问，这种能极大程度上简化后勤系统的新式枪械就应该是一型如 Stg44 一般的突击步枪。不出意外的话，凭借美国的技术实力，一型全新的、在设计和工艺上不逊于 Stg44 的突击步枪很快就会诞生。然而，在经过大量调查和研究后，美国人却南辕北辙地推出了 M14—— 一型发射全威力步枪弹，与典型突击步枪毫无干系的全自动步枪。

▲ 自上而下依次为 M14、FAL 和 G3 步枪。在冷战时期众多使用 7.62 × 51mmNATO 弹的步枪中，这三者的设计最成功、影响最大、出口范围最广。当然，它们也同为标准化大潮下的“沦落人”

美国人为什么会反其道行之，推出了 M14 这个“怪胎”？这要从枪械的“灵魂”——枪弹说起。

战后，基于“齐射”计划，美国开展了大量有关新枪弹的研究工作。如今广为人知的小口径枪弹和 M16 步枪都可以溯源到“齐射”计划。然而，就当时美国军队的换装需求而言，庞大且漫长的“齐射”计划实在是远水难解近渴。实际上，美国人早已做好两手准备，作为过渡方案，于 1954 年推出了一种全新枪弹——7.62 × 51mm 口径步枪弹。

▲ 从左至右依次为 5.56 × 45mm 步枪弹、7.62 × 39mm 步枪弹、7.62 × 51mm 步枪弹和 7.62 × 63mm 步枪弹（即 .30-06 弹）。可见，7.62 × 51mm 步枪弹与“大块头”的全威力 7.62 × 63mm 步枪弹更为相像

相比老式7.62×63mm口径步枪弹，7.62×51mm口径步枪弹的弹壳长度稍短，后坐力也略小，但这并不意味着美国人走上了中间威力枪弹的道路——7.62×51mm口径步枪弹的后坐力相较真正的中间威力枪弹依然大得多，威力、射程则基本与老式7.62×63mm步枪弹接近或持平。换言之，美国人相当于重新设计了一型全威力步枪弹——这样的步枪弹显然是与突击步枪格格不入的，也很难顺应当时以突击步枪为核心的枪械发展潮流。

尽管继承了M1步枪的诸多优点，尽管有M1步枪的设计师约翰·加兰德操刀，尽管有美国雄厚的财力和军工基础支持，但这一切都无法弥补不合适的枪弹所带来的缺憾。使用7.62×51mm口径步枪弹的M14步枪不出意外地继承了早期全自动步枪连发后坐力过大、可控性差、连发精度差等问题，相比40年前的费德洛夫M1916步枪而言，在技术上很难称得上有什么实质性突破。

更糟糕的是，M14诞生不久，就在不合适的时间，不合适的地点，参加了一场不合适的战争——越南战争。在越南的茂密雨林中，双方交火距离通常很近，轻武器的较量往往就是射速的较量。M14射程远、精度高的优势完全无法发挥，反而是连发难控制、有效火力不足等问题被无限放大，面对越南士兵手中的AK47步枪，可以说一无是处。结果显而易见，这场战争还没有结束，仅仅列装9年（1959—1968年）的M14便惨淡收场。

客观而言，出自约翰·加兰德之手的M14在性能上也有值得称道之处，它精度高、射程远、威力大，可靠性也不错。如果美国军队当时面对的是身处荒漠山地环境的敌人，那么M14也许就有可能名垂枪史，甚至在一个原本不属于自己的时代逆流而上。只是历史没有如果，在突击步枪的黄金时代，就没有适合M14的舞台。

逆水行舟的美国人并不孤单。在战后诞生的北大西洋公约组织（NATO，以下简称北约组织）框架下，美国在整个西方世界的影响力已经不可同日而语，军工领域更是必须“伸一把手”的关键领域。因

▲ M14步枪（下）由M1加兰德步枪（上）发展而来。平心而论，M14的先天“资质”并不差，只是错误地出现在了属于突击步枪的时代

▲ 由 M14 衍生出的一型性能不错的精确射手步枪 M21

此，欧洲各国此时的枪械研发工作，都或多或少地受到美国的影响或干预，短暂地走上了与美国殊途同归的道路。

第二次世界大战结束后，比利时 FN 公司开始全力推进 FAL 步枪的研发工作。实际上，此时的 FAL，或者说比利时人心中真正的 FAL，不仅在外形、布局上与 Stg44 极其相似，“灵魂”更是完全一致的——都使用 7.92×33mm 口径中间威力步枪弹。换言之，早期的 FAL 是一型真正意义上的突击步枪。如果一切能遂比利时人之愿的话，未来与 AK 步枪一争高下的将不是 M16，而是 FAL。

然而，所谓的“意外”似乎也是命中注定的。北约组织成立伊始，美国便急不可耐地开始着手统一成员国的武器装备制式。基于强大的政治和经济影响力，美国人选择无视欧洲各国的枪械装备和发展现状，大肆推广自家的 7.62×51mm 口径步枪弹，作为“北约标准枪弹”。使用中间威力枪弹的 FAL 方案最终倒在了“北约标准枪弹”计划面前，7.62×51mm 口径步枪弹则成功“晋升”为 7.62mmNATO 弹，实现了对北约成员国的全覆盖。

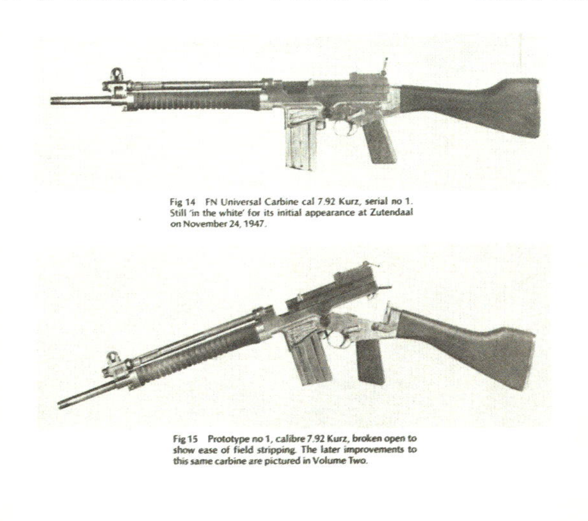

Fig 14　FN Universal Carbine cal 7.92 Kurz, serial no 1. Still 'in the white' for its initial appearance at Zutendaal on November 24, 1947.

Fig 15　Prototype no 1, calibre 7.92 Kurz, broken open to show ease of field stripping. The later improvements to this same carbine are pictured in Volume Two.

◀ 7.92mm 口径 FAL 步枪的实物照片十分罕见，图为一本英文读物中收录的不太清晰的照片。可见，7.92mm 口径 FAL 拥有与 Stg44 几乎完全相同的上下机匣布局以及铰接下机匣，受到了 Stg44 的巨大影响

◀ 1982 年的马岛战争中，一队装备 FAL 步枪的英军士兵。FAL 正式或非正式装备了 90 多个国家和地区，以英国为首的英联邦国家是其最大用户。英军自行生产的 FAL 称为 L1A1。有趣的是，阿根廷军队同样装备了 FAL

改用 7.62mmNATO 弹后，FAL 毫无疑问地产生了与 M14 一样的问题：全自动射击时后坐力过大、难以控制、有效火力严重不足。不得不说，最终定型的 FAL 已经失去了原本最可贵的“灵魂”。

尽管如此，得益于 FN 公司在全世界的良好口碑，以及自身的均衡性能，加之北约组织框架下的可选项本就不多，FAL 仍然广销多个国家和地区，被誉为“自由世界的右手”。值得玩味的是，英国军队在采购 FAL 时，特意取消了大部分 FAL 上鸡肋的全自动功能，只在少量 FAL 上保留了全自动功能，充当轻机枪使用。至少对英国人而言，FAL 已经在绝对意义上成了一种半自动步枪。

倒在“北约标准枪弹”计划面前的，还有德国人的 G3 步枪。G3 与西班牙的“赛特迈”（CETME）自动步枪同宗同源，它们都是 Stg45 的后代，注意，不是 Stg44。

第二次世界大战末期，继 Stg44 之后，德国又开发出一型新突击步枪，即 Stg45。该枪改用滚柱闭锁机构，生产成本相比 Stg44 降低了不少。但 Stg45 出现得实在太晚，远不及 Stg44 出名。战后，滚柱闭锁机构之父路德维希·福尔格里姆勒暂居西班牙，他不甘于自己的发明就此“消沉”，倾力研发出传承 Stg45 精髓的“赛特迈”步枪。而后，福尔格里姆勒回到德国，对“赛特迈”步枪稍加改进后，又推出了 G3 步枪。

◀ Stg45 突击步枪的生产成本比 Stg44 更低，这非常符合当时的世界大战背景，其设计理念和生产工艺都颇为先进，但直到德国人投降也没能投入量产

显而易见，无论“赛特迈”步枪，还是 G3 步枪，一开始使用的都不是 7.62mmNATO 弹，而是一种全新的中间威力弹。但它们终归也逃不过如 FAL 一般的命运。

G3 步枪的设计资源可谓强大，福尔格里姆勒作为德国枪械设计师，对突击步枪自然有更深刻的理解。然而令人唏嘘的是，尽管他在 G3 上保留了先进的滚柱闭锁机构，保留了优越的机匣冲压工艺，最终却不得不放弃突击步枪的“灵魂”——中间威力枪弹。

◀ 挪威生产的 G3 步枪，也称 AG-3。与 FAL 一样，G3 步枪也出口到多个国家，堪称明星枪。但这同样改变不了它与突击步枪时代格格不入的事实

枪械说

英国人的遭遇

第二次世界大战后，英国意识到现有枪弹威力和后坐力都过大，于是研发了 7mm 口径新枪弹，并在其基础上开发了 EM1 和 EM2 两型步枪。尤为可贵的是，这两型步枪都采用了前卫的无托布局，EM2 更是将光学瞄准镜当作标配瞄具，这样的设计理念可谓既“正确”又“新潮”。

然而，美国的“北约标准枪弹”计划打乱了这一切。英国人的遭遇要比德国人和比利时人更悲催。由于“换弹”决定来得太突然，仓促之中根本无法做好设计调整工作，EM1 和 EM2 都出现了许多问题。结果显而易见，两者都成了政治牺牲品，英国人最终无奈地选择了比利时的 FAL 作为制式步枪。

◀ EM1 步枪（上）与 EM2 步枪（下），由于两者均处于试验阶段，不同批次之间在外观上有细微差别，但都采用了无托布局

“Sturmgewehr”一词的误用

第二次世界大战中，德国人创造了“Sturmgewehr”（简称 Stg）这样一个专指突击步枪的德语名词，而战后，德国人自己开发的 G3 步枪却与真正的突击步枪风马牛不相及。换言之，就是没能将“Sturmgewehr”这个名词传承下来。

而战后坚持使用这个名词的有两型步枪，一个是奥地利装备的 Stg58（实际上就是奥地利生产的 FAL），另一个是瑞士装备的 Stg57（即 SG510）。但遗憾的是，这两型枪使用的仍然是传统的全威力步枪弹，而非中间威力弹，因此并非真正意义上的突击步枪。

苏联虽然装备了 AK47 这型货真价实的突击步枪，却将它称作“Автомат Калашникова”，即“卡拉什尼科夫自动枪”。“Автомат”这个俄语名词自费德洛夫 M1916 问世时就已经在使用了，原意指包括步枪、机枪、冲锋枪在内的所有“自动枪”，并非专指突击步枪。换言之，苏联虽然推出了真正的突击步枪，却没能赋予它一个合适的名称。

无论 FAL 还是 G3，都在标准化大潮中走向了平庸。这背后，绝不仅仅是美国人企图控制北约军工体系的图谋在作祟，更深层次的原因，也许仍然要归结于枪械地位之于整个战争体系的衰落。两次世界大战后，随着武器装备类型的爆发式增长，体系化作战模式的兴起，失去国之重器光环的枪械只能委身于体系一环，而不再可能成为体系的核心。更重要的是，战后百废待兴的欧洲各国，在开发顺应技术潮流的导弹、飞机、坦克等大型装备时已是捉襟见肘，怎么可能再为新型枪械分出更多资源呢？换言之，既然美国人提供了“北约标准枪弹”这样一种廉价、便捷且至少相对先进的技术解决方案，这些国家又有什么理由拒绝呢？

4.3 不止是小口径——航空技术成就的 M16

越南战争后期，美国人开始以 M16 步枪全面取代表现糟糕的 M14 步枪，枪械发展史就这样匆匆步入了小口径时代。尽管人们对 M16 与 AK47 的综合表现孰优孰劣仍有不小争议，但毫无疑问的是，苏联也在短短几年后就列装了同为小口径的 AK74 步枪。作为时代领导者，M16 自然远远不是“第一型大规模服役的小口径突击步枪”这么简单。

讲到 M16，就不能不说起它的设计师尤金·莫里森·斯通纳，一位比卡拉什尼科夫还小 3 岁的枪械天才。与卡拉什尼科夫、加兰德、勃朗宁这些“草根”出身的枪械大师不同，斯通纳完成学业后顺利进入维加飞机公司（Vega Aircraft）——如今的防务巨头洛克希德·马丁公司的前身。他对飞机和飞机设计十分着迷，在驾驶直升机方面也颇有造诣。出身航空制造业的斯通纳，给当时的枪械行业带来了一股前所未有的新风潮。

▲ 1967 年，在阿玛莱特公司工作的斯通纳与自己设计的枪械合影。他倾尽毕生心血，设计了 M16（AR15）、AR18 等传奇枪械，对欧美国家的枪械发展产生了深远影响

引领时代潮流的 M16，凝聚了斯通纳对枪械设计的独到见解。对比同时期的 AK、FAL、M14、G3 等步枪，就能明显发现 M16 的与众不同之处。

M16 的与众不同首先体现在制造材料和加工工艺上。M16 的上、下机匣革命性地采用了航空铝来制造。如今，铝合金材料在枪械领域的应用已经司空见惯，但在当时，铝合金材料的加工工艺仍然属于航空制造业的“独门技术”。

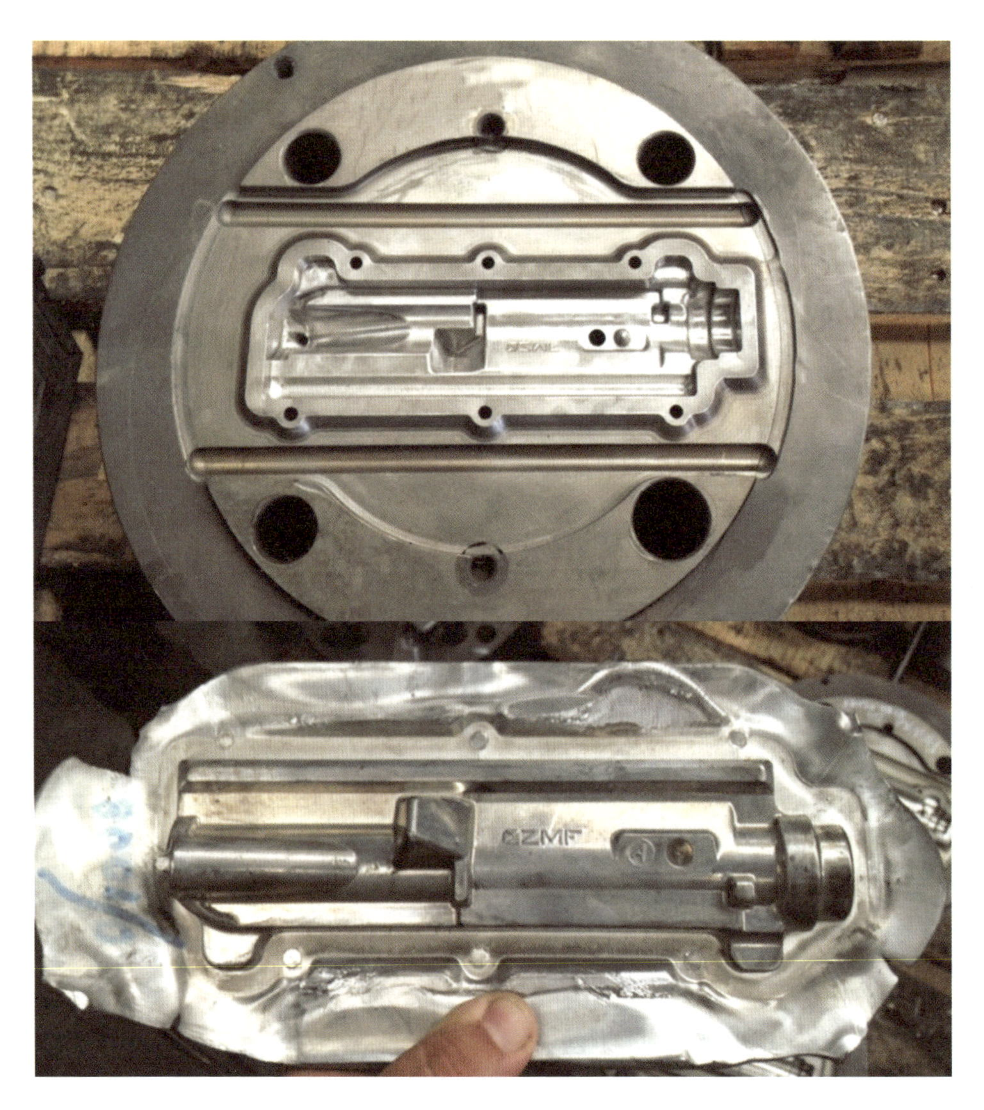

▲ M16 上机匣模具（上）与刚刚锻造出来的、尚未去除溢边的上机匣毛坯（下），毛坯已经具备大致的外形轮廓，能够大幅减轻后期加工的工作量。如今，M16、M4 和 AR15 的机匣已经很少采用铸造工艺，而多采用锻造工艺

▲ 越南战争中使用 M16 步枪的美军士兵。今天，许多手机生产厂家都会大肆鼓吹自家产品的机身采用了所谓的高级材料——7075 铝镁合金，但这种合金材料其实一点也不高级，1967 年定型的 M16A1 就已经开始使用以它为原料制成的机匣了

与用钢材制造枪械相比，用铝合金制造枪械可谓好处多多：铝合金的质地比钢“软”得多，因此切削作业难度小，这能大幅简化机加工工艺，提高加工速度和效率。当时铝合金的精铸技术已经基本成熟，在制造铝质零件时，可以先精铸出具有基本形状的毛坯，再采用少量传统加工工艺即可完成制造。相较切削整块金属的传统加工工艺，精铸毛坯后再加工的制造方法更省时、更省力，也更省材料。而相较冲压加工工艺，精铸铝零部件的形状能做得更复杂，开发“潜力”更大，开模成本更低，因此前期成本也要低很多。对战后资源密集度大不如前的枪械行业而言，这显然是一种十分有吸引力的制造方法。

此外，铝合金的耐腐蚀性极佳，再配合二战中就已诞生的阳极氧化技术，铝质零部件的抗腐蚀性能是钢质零部件所难以比拟的。铝质零件能够“免疫”水、汗、盐雾，可以有效降低枪械的保养工作量。更重要的是，铝合金的密度只有钢材的三分之一，这能大幅降低枪械重量。要知道，早期的 M16、M16A1 的枪管长度达到了 508mm，但空枪重却只有 2.9kg，令钢质枪械望尘莫及。

自 M16 之后，钢铁和木材不再是制造枪械的唯二选择，包括 AUG、95 式、FN SCAR 在内的“晚生后辈”们都采用了铝质机匣。可以说，整个枪械材料领域，是在 M16 的引领下完成了变革。

◀ 一支严重老化的 M16/AR15，1835761 的编号表明它生产于 1968—1969 年间，至少也有 50 年的历史了。得益于铝合金极佳的防腐蚀性能，机匣表面虽有磨损，但仍基本完整

接下来我们再看 M16 的结构设计特点。导气式是战后枪械中最常见的自动方式。传统导气机构是将枪管内的火药燃气，导出到位于枪管上方 / 下方的导气箍（膨胀室）中，火药燃气在此膨胀做功，推动活塞向后运动，进而推动自动机（枪机组）后坐，获得自动动作所需的能量。这种方式存在一个固有缺陷，即膨胀室与枪管轴线间必然有高度差，而高度差带来的翻转力矩，会加剧枪口上跳，对枪械的射击精度产生不利影响。

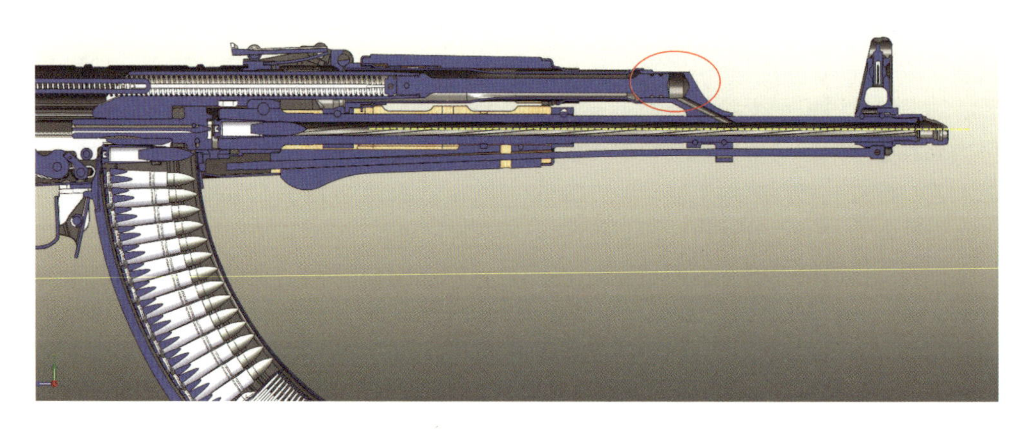

▲ AKM 步枪的局部半剖图，膨胀室位于活塞和导气箍之间（红圈处），处于枪管轴线（黄色虚线）上方，因此会产生偏转力矩。无论是 AK 步枪的长活塞，还是 81 式步枪的短活塞，都无法避免这个问题

M16采用了导气管式（直接导气式）机构，导气管内的火药燃气会沿长长的导气管流动，进入位于枪机与枪机框之间的膨胀室，并在此膨胀做功。此时，枪机被锁死不动，而枪机框被迫向后运动，进而获得自动动作所需的能量。

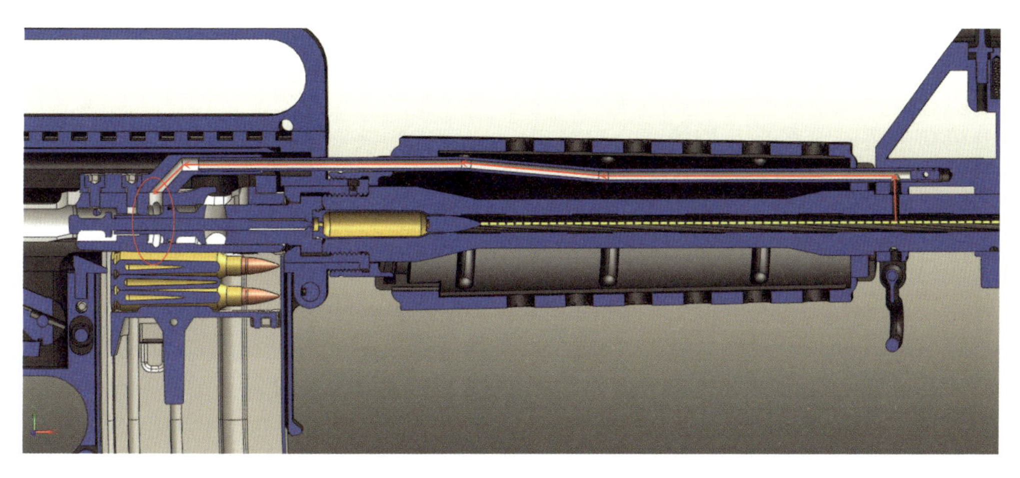

▲ M4 卡宾枪（自动原理与 M16 完全相同）的半剖图，膨胀室位于枪机与枪机框之间（红圈处），与枪管轴线（黄色虚线）完全同轴。红色箭头为火药燃气流动路径

▲ M16 步枪的缓冲器（红圈）与直枪托示意，缓冲器也和枪管轴线（蓝色虚线）同轴，M16 结构设计之精巧可见一斑

换言之，M16枪机框与枪机之间的膨胀室发挥了“活塞”的作用。这种设计不需要单独的活塞，结构更简单，重量更轻，俗称“内活塞”。同时，膨胀室位于枪机与枪机框之间，与枪管轴线同轴，理论上完全消除了活塞与枪管轴线不同轴所产生的翻转力矩，对保证射击精度大有裨益。

同时，M16还采用了直枪托设计，枪托与枪管几乎同轴线，这大幅减小了枪管与枪托不同轴所产生的翻转力矩。此外，M16具有完善的缓冲机构，其复进簧前端设计有一个惯性体，既能缓冲后坐，又能减小复进到位的反跳。

如此精巧的结构设计，配合小口径枪弹本来就小的后坐力，赋予了M16极佳的操控性。稍加训练的成年人都能轻松掌控M16射击时产生的后坐力和枪口上跳，打出不错的点射和连射精度。这无疑让那些已经习惯了M14步枪巨大后坐力和剧烈枪口上跳的美军士兵们惊喜万分。也正是这一特性，使M16有了足够的底气，来彻底取代口碑不佳的M14。

然而，无论是导气管式原理、直枪托，还是缓冲器，都不是斯通纳的原创。直接导气式原理首见于瑞典的AG42步枪，直枪托则是德国人的专利，而勃朗宁机枪上早就已经配装缓冲器了。斯通纳的过人之处，在于将这几项技术，完美地融合在了M16身上。

看过结构设计，我们再看M16的功能键（功能键指弹匣释放钮、空仓挂机释放钮、快慢机等一系列枪械控制机构，为方便理解，这里将它们统称为功能键）位置与布局。在M16之前，几乎没有任何一型枪械的功能键设计，能让使用者如此舒适。M16合理的功能键布局使任何一个初学者都能轻松、快速地适应并掌握其操作方法。50年后的今天，这套功能键布局非但没有被淘汰，反而成了美国人的传统——美军列装的每一型枪械，几乎都在“拼命”模仿这套布局和它对应的操作习惯，有些枪械甚至直接照搬了M16的功能键布局。

如今，我们有一个“时髦”的术语专门用来描述M16的这一特性——人机工效。在这个术语尚未诞生的时候，M16就已经达到了这一领域的最高境界：缔造了让美国士兵改不了、离不开的操作习惯。合格的枪械迎合士兵的操作习惯，而顶尖的枪械塑造士兵的操作习惯。M16与M14步枪间并无操作习惯上的传承关系，却让美国士兵立即“移情别恋”，“爱”上了新的操作习惯，并且一“爱”就是50多年。这一点，恐怕是斯通纳自己也不会想到的。

作为名副其实的“长寿枪”，包括M4、M16、民用AR15在内的M16家族

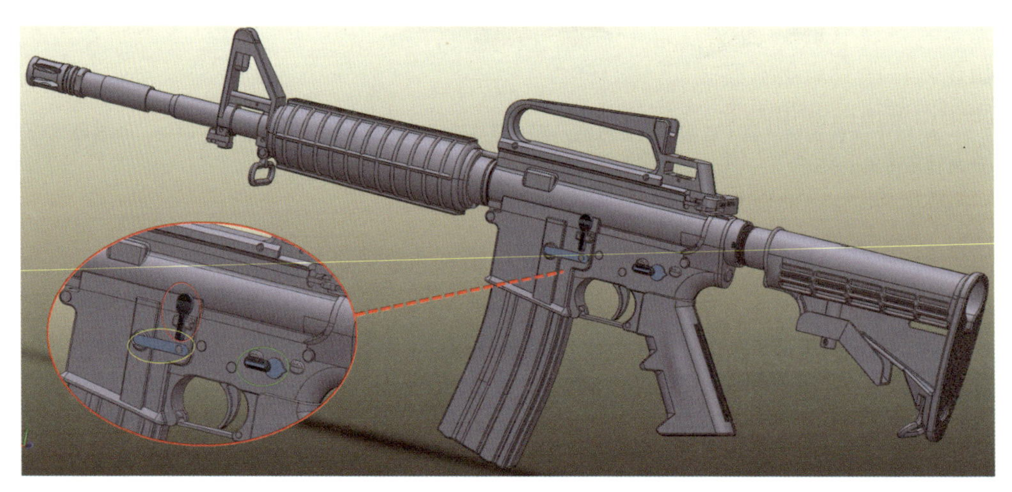

▲ 操作方式与M16完全相同的M4卡宾枪功能键示意。红圈处为空仓挂机释放钮，黄圈处为弹匣释放钮（实际上在另一侧），绿圈处为快慢机

成员至今仍然活跃在全球军民枪械市场中，这显然与斯通纳独具匠心的设计密不可分。

枪械说

M16 枪族外形识别

M16 枪族共有 M16、M16A1、M16A2、M16A4、M4、M4A1 等主要军用型号。最初，M16 称作 AR15，这是一个民用代号。AR15 进入美军服役后，才获得 M16 这个正式型号。早期的 M16 历经多次改进，变种繁多，直到 1967 年 M16A1 定型，改进工作才告一段落。

M16 和 M16A1 最典型的外形特征是三角形截面护木。此外，或许是“枪龄”较大，又或许是早期表面处理工艺不过关，M16 和 M16A1 的机匣表面看起来都发白。

进入 20 世纪 80 年代后，随着美国将 M193 弹换为 SS109 弹（M855），M16A2 应运而生。相比 M16A1，M16A2 将三角形截面护木更换为圆筒形护木，枪管也进行了加粗。

进入 21 世纪，在枪械模块化潮流的推动下，M16A4 诞生了。M16A4 将 M16A2 的固定式提把更换为可拆式提把，并在机匣顶部和护木上安置了皮卡汀尼导轨，以方便安装配件，这也成了 M16A2 与 M16A4 的最大外观区别。

M4 是换装可调节伸缩枪托的短枪管版 M16，于 20 世纪 90 年代问世。此前，M16 也有多个短枪管改型，但大多都是 XM177 这样的“临时工”，没获得军方的正式编制。M4 与 M4A1 的最大区别在于，M4 采用了单发和三发点射两种发射模式，而 M4A1 则将三发点射模式换成了全自动模式。

如今，整个 M16 枪族已经十分庞大，军方和各枪械制造商的改进型层出不穷。加之美国民间枪械市场繁盛，改装配件和方案同样五花八门。因此，从外观上区分 M16 枪族成员就成了一件困难事。为此，一直有人用 M16 的民用型号——AR15，来称呼所有 M16 枪族成员。

▶ M16/M16A1、M16A2、M16A4 与 M4/M4A1 的外形对比

4.4 发展使然——小口径枪弹的光辉与宿命

枪械设计的上限不仅仅是技术，还包括士兵的体能。相比于全威力枪弹，中间威力枪弹以减小威力为代价，降低了枪械全自动射击时的后坐力，确保了一定的射击精度。这种“减法”思维虽然过于“直接”，但现实意义是显而易见的，使用中间威力枪弹的 Stg44 和 AK47 突击步枪都获得了巨大成功。

但同时我们也必须看到，中间威力枪弹为减小后坐力牺牲了太多东西，它甚至违背了枪弹发展的规律。自无烟火药诞生后，枪弹口径开始逐渐减小，由 11mm 左右减小到 8mm 左右，初速则提高到 650m/s 左右。当口径趋于稳定后，尖头枪弹逐渐取代了圆头枪弹，弹头重量降低，初速进一步提高到 800m/s 左右。中间威力枪弹之后问世的各类小口径枪弹也遵循着这一规律，口径进一步减小到 6mm 以下，初速则达到 950m/s 左右。

随着初速的增加，枪弹的外弹道变得越发平直（平伸），其击中目标所需的时间不断减少，射击需要的提前量也随之不断缩小。击中目标变得越来越容易，枪械的整体效能不断提高，因此高初速成为枪械设计师追求的主要目标。而纵观枪弹发展史，只有中间威力枪弹，出现了“口径不变，初速下降”的异常情况——其初速只有 700m/s 左右。

▲ 7.92×57mm 口径毛瑟步枪弹的圆头型（左）与尖头型（右），圆头型与 1888 式步枪同时问世，而尖头型诞生于 1903 年。尖头型的头部重量更小，空气阻力也更小，因此弹道更平直

违背枪弹发展规律只是一方面，中间威力枪弹在实际应用中还存在很多“难言之隐”。作为诞生在战争时期的新弹种，中间威力枪弹的研发过程相对仓促，大量照搬了老枪弹的结构，由此导致了很多意想不到的问题。以 7.62×39mm 中间威力枪弹（即 M43 弹）为例，其外弹道就广受诟病。由于初速

和弹头重量不匹配，M43 弹在 AK47 突击步枪上的直射距离只有 277m，加之弹形不理想，弹头飞行阻力大，远距离弹道弯曲严重，因此被戏称为“小便弹道”。同时，M43 弹的弹头动能虽大，但三段式弹头结构过于老旧，打在软目标上往往是过穿，无法有效释放能量，杀伤力反而不及后来的小口径枪弹。在侵彻力方面，M43 弹截面比动能偏低，且弹芯工艺落后，整体不够理想。最后，尽管降低了后坐力，但枪械使用 M43 弹时的可控性仍然难以令人满意。

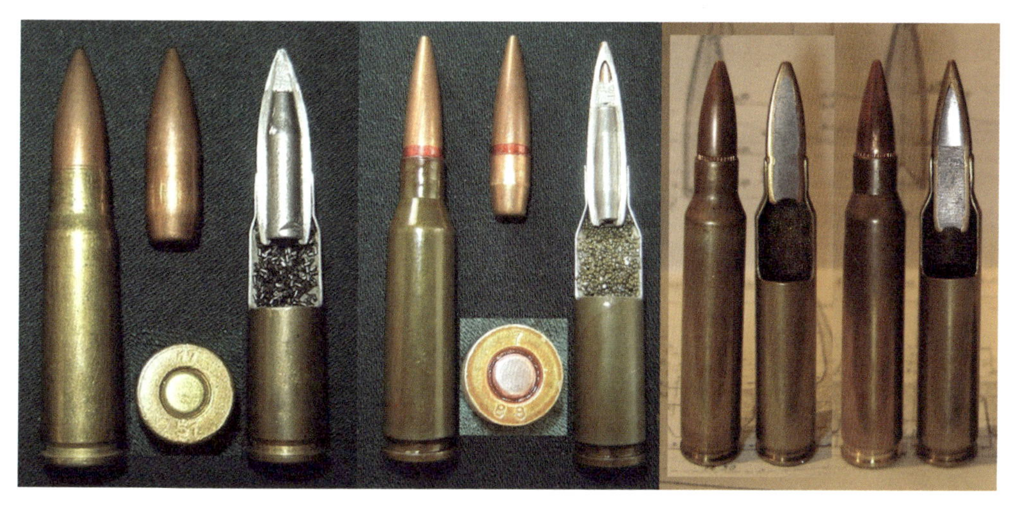

▲ 7.62 × 39mm M43、5.45 × 39mm 7N6、5.56 × 45mm M193 与 5.56 × 45mm M855 枪弹的弹头剖视图（由左至右），M43 弹头明显“粗短”。“粗短”的弹头往往意味着飞行阻力大、截面比动能低等一系列缺点

除性能外，中间威力枪弹的外观也非常“另类”。无论德国的 7.92 × 33mm 中间威力枪弹，还是苏联的 7.62 × 39mm 中间威力枪弹，其外形结构设计都可谓是“简单粗暴”：略加改进的全威力步枪弹弹头，配上缩短的全威力步枪弹弹壳。如此设计，导致中间威力枪弹的弹头偏大，弹壳偏短，外形“矮胖”，看起来就像是“拍扁”的全威力枪弹。因此这批中间威力枪弹也被人戏称为“阉割弹”。

▶ 从左至右依次为：7.92 × 57mm 枪弹、7.92 × 33mm 枪弹与经过图片压缩变形处理的 7.92 × 57mm 枪弹，可见短粗的 7.92 × 33mm 枪弹确实与“拍扁”的 7.92 × 57mm 枪弹有几分相似

相较从口径到发射药全面革新的无烟火药枪弹，号称“引领新时代”的中间威力枪弹，其实就是“凑合”设计出来的。因此，反观第二次世界大战中部分德军高层百般阻挠7.92×33mm口径枪弹项目，也就不足为奇了。而自始就对中间威力枪弹不屑一顾的美国人，直接投入小口径枪弹的“怀抱”就更是发展惯性使然了。

▲ 第二次世界大战中，美国M1、M2卡宾枪使用的7.62×33mm枪弹也有一丝中间威力枪弹的神韵，但这种枪弹的弹壳是直筒形的，弹头为圆头，更像拉长的手枪弹。尽管后坐力确实不大，但威力也着实差劲，因此战后美国人直接把它打入了冷宫

公允而言，在特定的历史阶段，中间威力枪弹的问世确实是一次堪称伟大的技术进步。但过于直接的“减法”设计思维只能堪一时之用，随着时代背景的变换，以及科学技术的发展，它所催生的第一代中间威力枪弹终要淹没在历史长河之中。

在苏德两国执着于中间威力枪弹时，美国对新枪弹的探索步伐同样没有停滞。更重要的是，不同于战争时期诞生的苏德新枪弹，美国的新枪弹是在战后才正式开始研发的。充足的时间与经费、多年的战争经验积累、巨大的民用枪械市场基础，以及以创伤弹道学为代表的方兴未艾的新学科研究成果的支撑，都使美国新枪弹的起点远高于苏德两国。

7.62×51mm 枪弹（左）与 5.56×45mm M855 枪弹（右），从外观上看，以 5.56mm 口径枪弹为代表的小口径枪弹依然是一种“苗条”弹，与短粗的 7.92×33mm 和 7.62×39mm 中间威力枪弹截然不同。而外形差异的背后，原理和杀伤效果同样是天壤之别

这就使美国人有充足的底气彻底推翻既有的枪弹设计思路。以 M16 步枪使用的 M193 小口径弹为例，其口径由此前已经形成制式化的 7.62mm 缩小到 5.56mm，同时弹头细长，重量仅 3.63g，初速却达到破天荒的 975m/s 左右。M193 的弹头以高速侵入人体时，极易失去稳定性，进而在人体内高速翻滚，形成巨大杀伤。而在高速翻滚的同时，软铅锑合金制成的弹头弹芯极易碎裂，如天女散花般在人体内散开，在形成巨大杀伤之余，又使救治工作难上加难。

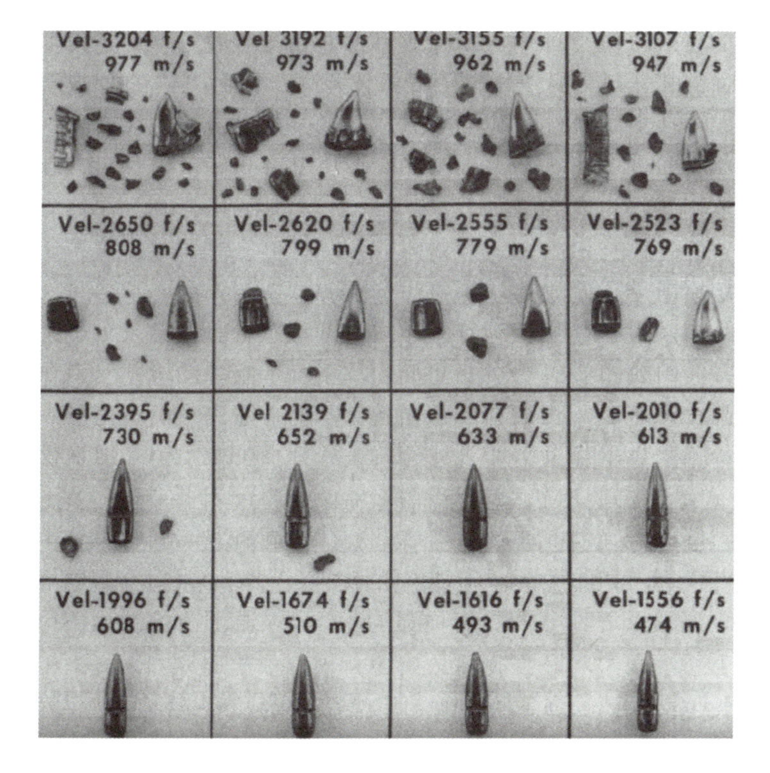

M193 枪弹弹头在不同速度下射入明胶（用于模拟人体）效果图，射入初速越大，弹头的破碎就越明显，杀伤效果越好

除此之外，拥有巨大杀伤力的M193弹，还有着优异的弹道性能和极小的后坐冲量。拜高初速所赐，M193弹的外弹道极其平直，而作为最关键的指标之一，M193弹的后坐力非常之小，远低于M43弹，即使是不熟练的女性射手，也能轻松使用发射M193弹的枪械进行全自动射击或点射。

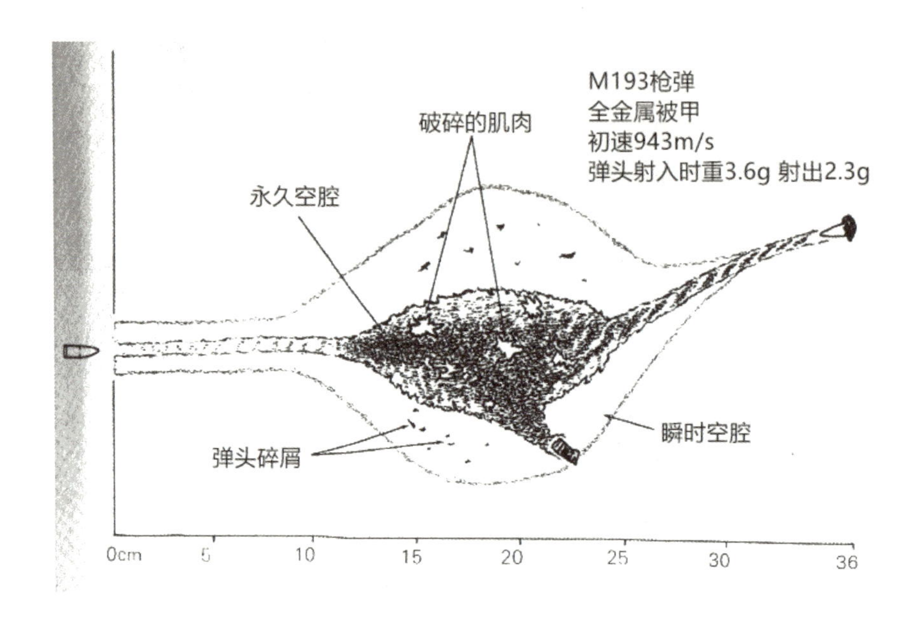

▲ M16步枪发射M193弹时的杀伤效果示意。第二次世界大战后，美国开始深耕于创伤弹道学，开展了大量实验，将枪弹的杀伤效果从“玄学”变成了真正的科学，因此具有颠覆意义的小口径枪弹诞生于美国是不足为奇的

可见，M193弹彻底解决了以往枪弹面临的大杀伤力、高初速与小后坐力不可兼得的难题。性能出类拔萃的M193弹，配上精心设计的M16步枪，这样的优秀组合所拥有的发展潜力，是诞生于战火中的中间威力枪弹与早期突击步枪所望尘莫及的。实际上，M193弹只是美国战后开发的众多新型枪弹之一，“齐射”和SPIW计划还催生了数不清的试验性枪弹。

更宏观地讲，放眼整个科研领域，尽管意外和波折在所难免，但科研成果一定是与投入的人力、物力成本正相关的，没有任何一个国家能“又顺又快”地研发出真正的好产品。美国凭借充足的技术储备和巨大的资金投入，得以在形形色色的试验性枪弹中最终寻觅到兼顾先进性与实用性的M193，这就是实力使然。

然而，如果以发展的眼光来审视，小口径枪弹其实最终也陷入了早期中间威力枪弹的宿命。与战时仓促问世的中间威力枪弹相比，性能更为均衡和稳定的小口径枪弹自然有足够的理由，在战后的和平时光中扮演中流砥柱的角色。但我们不能忘记一个大前提，那就是小口径枪弹的设计初衷，源于战后得出的一项统计结论，即绝大多数地面战斗都发生在 400m 以内。因此，小口径枪弹实际上是以牺牲 400m 以外性能为代价设计而成的。

要知道，今天的战争形态已经与第二次世界大战时期有了天壤之别，大规模地面部队的直接较量几乎不复存在，二战时期得出的结论自然不再具有决定性的现实指导意义。人们逐渐发现，枪弹 400m 以外的性能同样不可忽视。因此，枪弹的小口径化并没有形成不可逆的发展路径。众多小口径枪弹中诞生最晚的，我国的 DBP87 和 DVP88 弹就是典型代表，两者实际口径达到了 6mm（阳线 5.8mm，阴线 6.0mm），也就是所谓的小口径上限（通常将 6mm 以下划为小口径）。这型最“年轻”的、具有后发优势的枪弹，也就成了“最不像小口径”的小口径枪弹。

进入 21 世纪后，规模不等的反恐战争成为主流冲突形态，很多国家的主要战场都转移到多山和荒漠地形中，对手则变成了零散的小股游击队。复杂且充满不确定性的战场环境使交战距离大为增加，这对以近距离性能见长的小口径枪弹形成了巨大考验。战争形态的转变自然催生了新的装备需求，一众兼顾远距离性能的枪弹，如 6.5mm 口径和 6.8mm 口径枪弹如雨后春笋般涌现。一时间，中间威力枪弹大有“复活”之势。相较于 7.62×39mm 枪弹这样的“前辈”，这一代中间威力枪弹的性能已经今非昔比，在小口径时代可谓异军突起。

不过，这股“中间威力风潮”并没能彻底击垮小口径枪弹。随着美国从阿富汗大规模撤军，以及中东地区反恐战事的逐渐趋稳，一度大红大紫的新一代中间威力枪弹似乎也销声匿迹了。

◀ 从左至右依次为 5.56×45mm、6.5×39mm（6.5mm 格伦德尔）、6.8×43mm（6.8mm 雷明顿 SPC）枪弹。尽管有关 6.5mm 和 6.8mm 口径枪弹的性能众说纷纭，但美军至今都没替换 5.56mm 口径枪弹是一个不争的事实

枪械说

为什么小口径枪弹 400m 外的性能不佳?

首先必须说明的是，400m 只是一个约数，并非确定值。目前，几种主流小口径枪弹在形制和性能上都有一定差异，即使枪弹本身相同，发射枪弹的枪械也有较大区别。一般而言，以 400m 作为性能测定基准，不会很精确，但也不会离谱。同时，400m 也是绝大多数国家小口径步枪的有效射程。

小口径枪弹的优异性能源于两个特性：轻弹头与高初速。小口径枪弹的弹头重量一般在 4g 左右，如此轻的弹头在远距离飞行时很容易被风“吹”偏，从而无法准确命中目标。此外，小口径枪弹的杀伤效果依赖于高初速，但远距离上弹头存速（速度）较小，杀伤力也会相应大幅降低。

反观中间威力枪弹，其初速固然不高，但弹头重量普遍达到 8g 左右，抗风偏能力和远距离杀伤力都比小口径枪弹好。但无论有风还是无风环境，要命中 400m 外的目标，都会对射手有相当高的要求，这就不是只靠枪和弹能解决的问题了。因此，综合来看，中间威力枪弹在 400m 外相较小口径枪弹的优势，恐怕仅仅是聊胜于无罢了。

4.5 反应迟缓——欧亚诸国的小口径之路

随着 M16 步枪在越南战争中登场，小口径枪弹开始为各国所关注。在冷战背景下，美国推出的全新枪弹和枪械自然会引起对手们的高度重视。苏联理所当然地迅速跟进，于 1974 年以闪电般的速度列装了新研制的 AK74 步枪和配套的 5.45mm 口径枪弹。相比之下，其他国家大多是“雷声大、雨点小”，直到 1980 年前后，欧亚诸国才开始缓慢换装使用小口径枪弹的步枪。

1980 年是变革之年，北约选定 FN 公司研制的 5.56mm 口径 SS109 弹作为“北约标准步枪弹”（即 M855 弹）。与此同时，多数欧亚国家在 20 世纪 50 年代开始列装的步枪也基本走到了生命末期，迎来了新旧更迭的节点。然而，就是在这样的大背景下，很多欧洲、亚洲传统枪械强国却集体“反应迟缓”，只有常年陷于战火磨砺中的以色列算是赶上了变革的潮头，于 1974 年换装了使用小口径枪弹的加利尔步枪。

欧亚诸国之所以在枪械换代问题上反应迟缓，除经济窘迫、安全压力相对较小等因素外，更大程度上要归因于 AK 和 M16 系列步枪对枪械设计思想产生的巨大冲击。面对在综合性能上遥遥领先、完全颠覆既往结构设计思路的 AK 和 M16 系列步枪，即使枪械设计领域向来重视传承，各国设计师们也不得不彻底摒弃传统结构与设计习惯，在苦苦研究两者成功之道的同时，为选择下一代枪械与枪弹的技术路线而踌躇不定。

因此，诞生于 20 世纪 80 年代初的枪械大多特点鲜明，在设计思路上要么向 M16/AR15 系列靠拢，要么向 AK 系列靠拢，要么自成一派。我们可以粗略地将它们划分为“斯通纳风格”“卡拉什尼科夫风格”，以及为数不多的“独创风格”三类。

斯通纳风格

奥地利 AUG 步枪

AUG 是当时设计上最大胆的无托步枪。此前，枪械上往往只有握把、护木这样无关痛痒的零部件会采用塑料材质，而 AUG 却史无前例地采用了塑料材质的机匣，其塑料机匣分为左右两瓣，通过螺栓连接。这种机匣重量轻、成本低、易生产、耐腐蚀，相对传统金属机匣优势明显。

AUG 之所以能采用塑料机匣，与其独特的自动机（枪机组件）布局密不可分。AUG 的自动机中，两根巨大的复进簧导杆充当了机匣轨道，这使枪械对机匣强度的要求大幅降低。AUG设计有止转卡铁，可以有效解决斯通纳风格枪械的“楔紧”问题，提高了可靠性。AUG 还采用了独特的半透明塑料弹匣，既有利于观察余弹量，也能降低携行负荷。此外，AUG 用高质量光学瞄准镜替代了传统的机械瞄具，大幅提高了实际效能。

诸多超越时代的惊艳设计使 AUG 成为当时最受欢迎的无托步枪，装备了包括澳大利亚在内的多个国家。

▲ AUG 步枪，红圈处的螺栓孔就是其左右两瓣机匣的连接孔

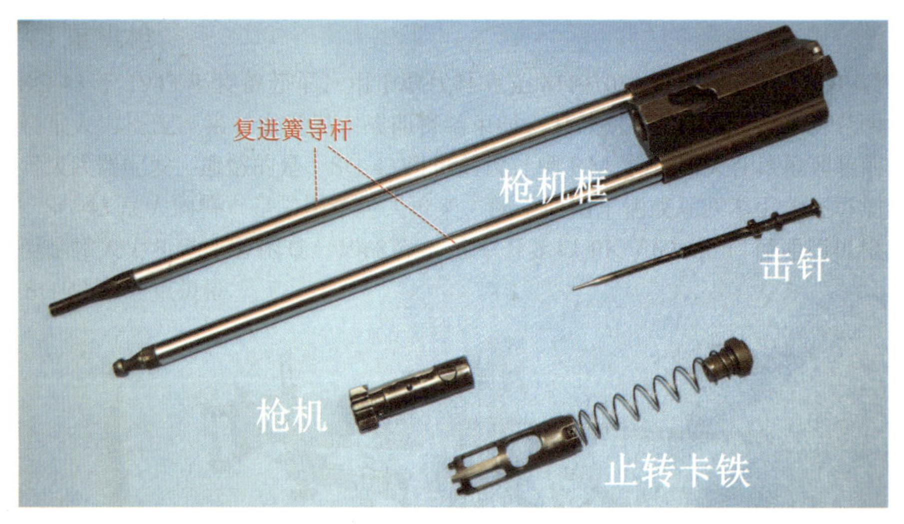

▲ AUG 步枪的自动机分解图，可见两根硕大的银白色复进簧导杆

德国 G36 步枪

粗看 G36 步枪，你会觉得它平淡无奇，没有什么惊艳之处。而实际上，G36 的创新性设计一点不亚于 AUG 步枪。与 AUG 一样，G36 也采用了塑料机匣。但不同的是，G36 的机匣采用了独特的塑料镶钢结构，机匣（包括枪机框导轨）注塑成型，枪机止转导轨由金属制成，镶嵌在塑料机匣内，这是一种十分大胆的设计。此外，由于诞生时间较晚（20 世纪 90 年代），G36 得以将悬挂枪机（框）、浮动枪管、模块化发射机、半透明塑料弹匣等先进设计元素集于一身。

▲ 使用 G36 步枪射击的美军士兵，该枪外形比较臃肿，显得比较“大”

英国 L85 步枪（SA80 枪族）

L85 步枪是许多人眼中扶不起的“阿斗”——它问题不断且性能一般。也许出乎你的意料，L85 的失败并非缘于它采用了太多不稳定的先进技术或设计，相反，它的设计相较同期步枪反而更加保守，甚至可以算作 20 世纪 80 年代最没“诚意”的枪械之一。21 世纪初，德国 HK 公司曾参与 L85 的改进工作，但此后仍然问题不断。有传言称英国的 SAS 特种部队甚至拒绝使用 L85。在相对良好的技术条件和时代背景下，身为老牌枪械强国，英国却推出了 L85 这样一型失败的步枪，这多少有些令人困惑。

▲ 除 L85 步枪外，SA80 枪族还包括 L86 轻机枪、L22 卡宾枪以及 L98 训练枪

意大利 AR70 步枪

一向“浪漫”的意大利人在小口径突击步枪的研发上，反而跑在了其他欧洲国家的前面。1972 年问世的 AR70 步枪由伯莱塔公司设计，发射 5.56×45mm 口径 M193 步枪弹。AR70 贯彻了典型的“技术混搭”思路，尽管整枪布局和自动机 / 枪机组的设计接近 AR18 步枪，但大型闭锁齿、一体式导柱和刚性抛壳挺又明显借鉴了 AK 系列步枪的设计特点。

意大利军队原计划用 AR70 取代由 M1 加兰德步枪发展而来的 BM59 自动步枪，但受一些技术问题困扰，换装过程并不顺利。直到 1990 年，AR70 的改进型 AR70/90 开始大规模列装，才彻底淘汰了 BM59。AR70/90 改为发射 SS109/M855 步枪弹，与 M16 步枪通用弹匣。

▲ AR70 步枪原本由意大利伯莱塔公司与瑞士 SIG 公司合作研发，但两家公司因设计思路分歧而最终分道扬镳

▲ AR70/90 步枪虽然在设计上已经非常成熟，但碍于列装时间较晚，影响力并不大

日本 89 式步枪

89 式步枪是斯通纳 63 和 AR15 影响下的产物。89 式在结构设计上几乎全无亮点，但也不像 L85 那样有什么明显的缺陷或可靠性问题，整体性能表现中庸。受客观因素影响，89 式的国际知名度不高，几乎没有出口。

▲ 第二次世界大战后的日本国产轻武器大多为仿制型，或直接在他国既有型号基础上改进而来，89 式步枪是少有的自主研发型号

韩国 K2 步枪 /K1 短步枪

K2 步枪的自动机结构较为怪异，可以说是在 M16 步枪的自动机基础上截短，并加装了一个 AK 步枪风格的长行程活塞。韩国称这样的设计结合了 AK 步枪和 M16 的优点，但笔者对其实际效能深表怀疑。与日本的 89 式步枪相似，K2 整体上也可算中庸之作。至于 K1 短步枪，其自动方式为导气管式 / 直接导气式自动方式，与 K2 有较大差异。

平心而论，无论 89 式还是 K2，如果诞生在 20 世纪 70 年代初，也许就有大放异彩的机会。怎奈伴随两者诞生的还有 AK74、AUG、FNC 等一大批出身名门且设计上可圈可点的优秀枪械，因此 K2 和 89 式是注定不可能有“出头之日”的，正如那句经典的话：人们不会记住第二个登上月球的人。

▲ 卸下弹匣的 K2 步枪，该枪受到 M16 步枪的较大影响，其机匣外观与 M16 如出一辙

卡拉什尼科夫风格

以色列加利尔步枪

巨大的生存压力迫使以色列在军工研发领域从不敢怠慢。1974 年，以色列几乎与苏联同步换装了使用小口径枪弹的新一代步枪，即加利尔步枪。加利尔步枪是以芬兰的 Rk62 步枪为模板打造的，而 Rk62 又是在波兰生产的 AK47 步枪上改进而来的。因此，加利尔与 AK 系列步枪高度相似，可以说是“血统最纯正”的“非苏联籍”小口径 AK 系列步枪之一。

以色列之所以选择关系上相对疏远的苏联步枪作模板，而非走得更近的欧美步枪，完全是出于实战需求考虑。以色列地处沙漠地区，此前装备的以 FAL 为代表的欧美枪械大多“水土不服”，毕竟多数欧美国家当时都没有沙漠环境作战需求。相反，阿拉伯国家普遍装备的苏联 AK 系列步枪却能在沙漠环境中游刃有余。

加利尔步枪继承了 AK 步枪的高可靠性优点，同时在精度上更胜一筹，除重量较大外，几乎没有明显短板。然而，或许是以色列人自己对待枪械就不如对待大型装备那样“上心”，性能优异的加利尔步枪产销量并不大。直到近些年，新改进的加利尔 ACE 步枪在出口上才稍有起色，但以色列国内市场反而被美国廉价倾销的 M4 卡宾枪严重压制。

▲ 加利尔步枪采用了切削加工机匣，虽皮实耐用，但重量较大

印度 INSAS 步枪

INSAS 实际上是一个包括轻机枪、步枪、卡宾枪在内的枪族，印度人推出 INSAS 的目的就是统一枪械制式，彻底摆脱“万国造”的局面。然而事与愿违，命运多舛的 INSAS 最终也没能成为印度人心中的“争气枪”，印度军队至今还大量装备由以色列、美国、德国、英国等国生产的多型枪械，部分军警甚至还在使用第二次世界大战时期的栓动步枪。

INSAS 步枪的设计参照了多型经典步枪，整体布局和自动机明显受 AK 系列步枪影响最深，又吸取了 FAL 步枪的部分优点，算得上是取众家之长，甚至难能可贵地采用了当时还颇为前卫的半透明塑料弹匣。但受制于低劣的生产工艺和质量，INSAS 步枪一直问题缠身。目前，大失所望的印度军队已经选择放弃 INSAS，开始斥巨资招标新一代制式枪械。

▲ INSAS 步枪，据称印度至今仍无法稳定生产 INSAS 配用的 5.56mm 口径枪弹，需要由以色列进口

瑞士 SG550 系列步枪

瑞士 SIG 公司研制的 SG550 系列步枪包括 SG550、SG551、SG552、SG553 和 SG751 等多种型号。众所周知，SIG 是一家实力雄厚的老牌枪械公司，但在 AK 系列步枪的冲击下，它完全放弃了自家 SG510 步枪的设计思路，全面投向了 AK 的怀抱。

但瑞士人并没有像以色列人一样完全照搬 AK 的设计，而是在其基础上进行了创新。尽管不足以自成一派，但 SG550 系列步枪在结构细节上与 AK 有很大区别。拥有高超加工技术的 SIG 公司，赋予了 SG550 系列能与 AK 媲美的高可靠性，以及更优异的精度。同时，拜 SIG 公司的良好声誉和营销手段所赐，SG550 系列的销量也十分可观。

◀ 尽管整体设计传承自 AK 系列步枪，但 SG550 系列步枪的精度广受好评，甚至衍生出专用的狙击步枪 / 精确射手步枪

独创风格

德国 HK33 步枪

“嗅觉敏锐”的德国 HK 公司，早在 1968 年就推出了使用 5.56 × 45mm 口径枪弹的 HK33 突击步枪。

HK33 是最早一批小口径突击步枪之一，脱胎于 HK 公司的招牌产品——G3 步枪，在设计细节上大同小异。得益于 G3 步枪的良好口碑，以及“德国造”的市场影响力，生逢其时的 HK33 尽管没有装备德国军队，却借着小口径枪弹普及的东风，在出口市场上斩获颇丰，先后装备了厄瓜多尔、智利等多个国家的军队，泰国、马来西亚、土耳其等国更是引进生产线，实现了本土制造。

由于主打海外市场，HK33 的衍生型号众多，各国所购 HK33 在细节结构、附件、命名方式上都有一定差异。然而，仅就影响力而言，HK33/G41 远比不上它的前辈 G3 步枪，以及同门“兄弟”MP5 冲锋枪，因为至今也没有一个有影响力的大国批量装备 HK33。

▲ HK33 步枪的民用版 HK93 步枪，注意其半自动 / 点射 / 全自动模式一应俱全。在 HK93 之前，还有一款民用版 HK33 名为 HK43

FAMAS 步枪

▲ 使用 FAMAS 的法军士兵。这支 FAMAS 经过改装，喷涂了迷彩，加装了小握把和瞄准镜，去掉了原配的两脚架，但改装工艺较粗糙，可能是这名士兵个人所为

FAMAS 步枪的预研工作启动很早，几乎在第二次世界大战刚刚结束后就开始了，首型样枪于 1971 年问世。作为小口径和无托布局的先行者，FAMAS 大量采用了塑料件，这在当年的欧洲无疑是非常超前的。

晚于 FAMAS 问世的 AUG、95 式等无托步枪无不深受其影响。但受制于当时的技术条件，FAMAS 采用了一种后来基本被淘汰的自动方式——半自由枪机式。这种特立独行的自动方式导致 FAMAS 的实际性能表现并不尽如人意，影响力和销量也远不及 AUG 这样的晚生后辈。如今在法国军队中，FAMAS 也即将被 HK416 淘汰。

比利时 FNC 步枪

比利时 FN 公司在研制 FNC 步枪的过程中，几乎完全抛弃了 FAL 步枪的核心设计思想。尽管受到 AK 系列步枪的明显影响，但 FNC 的自动机设计与 AK 有明显区别，还带有 AR18 和斯通纳 63 的影子，因此不像加利尔步枪和 SG550 那样只能“屈居”AK 门下，完全能自成一派。

▲ 瑞典装备的 FNC 步枪，即 AK5 步枪，可见该枪加装了皮卡汀尼导轨和瞄准镜，换用了半透明塑料弹匣

换言之，FN 公司在 FNC 的设计中，顽强地在卡拉什尼科夫和斯通纳两位“枪王”的“统治”下开创了一片新天地。只是自成一派的 FNC 并没有延续 FAL 的销量传奇，其样枪在竞标北约制式步枪时突发故障，失去了最佳“出道”机会。最终只有瑞典等国采购了一定数量的 FNC。

5

第 5 章　盛世假象

小口径突击步枪在世界范围内掀起换装热潮，但这无法掩盖枪械地位急剧下降的现实。自 1964 年 M16 步枪定型算起，小口径时代至今已经走过 50 余载。这无疑是一个漫长而“顽固”的时代，很多人期待中的革命性产品仍旧虚无缥缈，而相应的技术路线问题，也只是在几阵喧嚣过后便销声匿迹。

小口径时代呈现给我们的，更像一场枪械的末日盛世，这背后似乎潜藏着骇人的颓败。在盛世的假象下，许多本能引领发展潮流的创新性设计并没能激起半点波澜。同时，许多生而优秀的产品，最终无奈地走向了“歧途”。

5.1 黯然收场的领先者——PKM 机枪

20 世纪 70 年代末，我国在对越自卫反击战中缴获了一批 PKM 通用机枪。这型性能优异的苏联机枪迅速得到有关部门的重视，相应的仿制工作于 1979 年全面展开。短短一年后，我国仿制的 PKM 通用机枪定型为 80 式通用机枪（以下简称 80 通机）。

实际上，我国此时刚刚研制了 67-1 式重机枪（1978 年设计定型，1980 年生产定型）。尽管名称分类不同，但 67-1 式重机枪与 PKM 通用机枪的作战定位是基本相同的。因此，80 通机自然成了 67-1 式重机枪的“竞争对手”。某军区的测试报告表明，80 通机在总体性能上较 67-1 式略胜一筹，只在慢速精度射击中，67-1 式才略占优势。而其他军区的相关测试报告也得到了相似结果。

伯仲之间的性能差异并不足为奇，真正令我国枪械设计师们震惊的，是两型机枪间巨大的重量差异。对枪械而言，重量往往是一个刚性指标，减重通常会带来巨大的性能损失，造成得不偿失的结果。而 80 通机（枪身重 7.9kg，三脚架重 4.7kg）在性能与 67-1 式重机枪（枪身重 11.6kg，三脚架重 13.5kg）相当的情况下，重量仅为后者的一半！这就意味着苏联枪械设计师已经能用“一半的重量”，实现与 67-1 式重机枪相同，甚至更高的效能。换言之，在当时的技术条

▲ 67-1 式重机枪，受制于当时的科研和经济水平，它在整体上“技不如人”几乎是必然结果，但至少是可堪一用的重机枪

件下，PKM 通用机枪的设计水平，已经远远超越了我国最先进的 67-1 式重机枪。

作为步兵火力的核心，机枪的地位不言而喻。我国枪械设计师痛定思痛，开始学习苏联机枪设计的先进理念和方法。1979 年 12 月，在 67-1 式重机枪尚未生产定型时，设计师们便开始着手对其进行全面优化改进，在借鉴 PKM 通用机枪设计理念的基础上，于 1982 年推出了 67-2 式重机枪。

然而，最终定型的 67-2 式重机枪（枪身重 10kg，枪架重 5.5kg）仍然要比 80 通机重一些。此外，由于过分追求减重目标，67-2 式的射击精度相较 67-1 式也略有下降。如此看来，PKM 通用机枪 /80 通机仍然是一个无法超越，甚至很难追赶的目标。最终，考虑到作战需求等因素，67-2 式重机枪列装了陆军，而 80 通机则列装了海军陆战队和空降兵等单位。

PKM 通用机枪的核心优势可以归纳为四点：完美的理论模型、优秀的可靠性、较高的易生产性、极轻的全重。作为 AK 系列突击步枪的发展产品，PKM 机枪拥有完美理论模型和高可靠性是顺理成章的，而较高的易生产性也是苏制武器的一贯追求。唯有“极轻的全重”这个看似平淡无奇的优势，才是使 PKM 机枪傲视群雄的“决定性因素”，也正是在重量控制上的突破，使它形成了对同期同类产品领先一代的技术优势。

▶ 由 67-1 式重机枪减重而来的 67-2 式重机枪，注意其三脚架支腿截面形状由 67-1 式的圆形改为了 PKM 风格的矩形

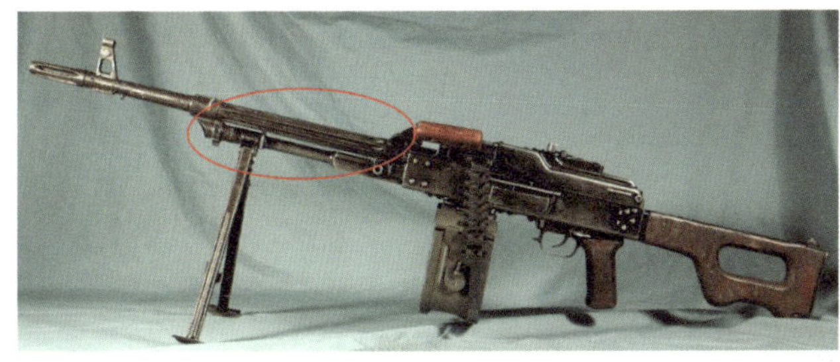

◀ PK 机枪（上）与 PKM 机枪（下）。两者外观上最大的区别是 PK 机枪的枪管外有散热槽，而 PKM 机枪没有。如同 AK47 与 AKM 的关系，PKM 机枪是 PK 机枪的改进型，两者的问世时间相差了近 10 年

相较同期的知名通用/重机枪，PKM机枪的重量可不仅仅是“略轻”，而是“轻了很多”：美国的M60机枪枪身重10.5kg，M240B机枪（即FN MAG）枪身重12.5kg，两者通用的M122A1三脚架重7.3kg；德国的MG3机枪枪身重11.5kg，三脚架重17kg；法国的AAT52/AAT-NF1机枪枪身重10.6kg，三脚架重10.5kg。即使放在今天，PKM的整体重量控制也属于出类拔萃的水平。显而易见，重量轻的枪械机动性更好，而在总负重不变的情况下，士兵能携带的弹药也更多。PKM的枪身与三脚架全重为12.6kg，仅与M240机枪的枪身相当！

对通用/重机枪而言，重量控制的两个要素无外乎枪身和枪架。得益于回转闭锁机构的优异特性，PKM的机匣基本只受拉-压力，而不像采用枪机偏移闭锁的67式、卡铁起落闭锁的M240等机枪一样还要受弯曲和扭转力矩作用。金属材料的抗拉-压性能要远远好过抗扭、抗弯性能，因此PKM的机匣在采用“超薄”设计的同时，整体强度和刚度仍然是足够的。而超薄机匣对减重的贡献很大，这与AKM步枪的减重原理一脉相承。

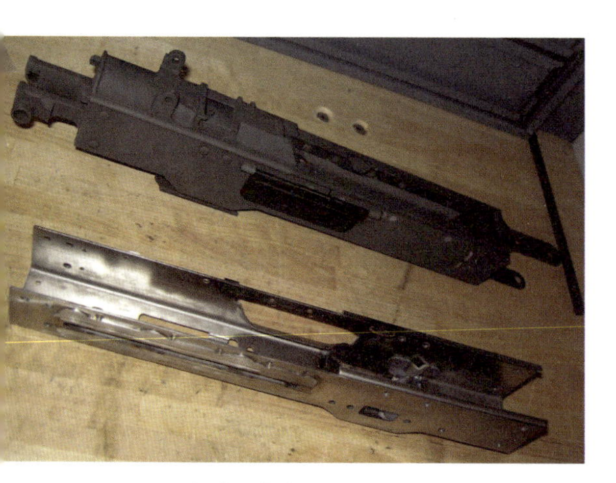

▲ 半成品状态（下）和成品状态（上）的PKM机枪机匣，可见其机匣非常之薄。此外，与AKM突击步枪相同，PKM机枪也大量采用了冲压、铆接和焊接工艺，生产成本较低

不过，PKM机枪相对轻巧的枪身其实只是一个微弱的领先要素——就当时的技术条件而言，7.9kg的枪身重量尽管优秀，但还不足以形成领先一代的技术优势。真正的“决定性要素”，恰恰是“貌不惊人”的4.7kg超轻三脚架。这个结构看似简单的三脚架绝非一两位设计师所能缔造的，毫不夸张地说，它是一个国家科研实力和综合国力的集中体现。如今，我们称PKM机枪的超轻三脚架为“弹性枪架”，以区别于传统机枪的刚性枪架。

要把弹性枪架说透，就要从与之相对的刚性枪架说起。刚性枪架是一种绝对“稳定”的枪架，设计师会不遗余力地将它做得足够结实，因此它本身几乎是不会变形的。只有这样，机枪架在刚性枪架上射击时，射击精度才能有所保证。然而，刚性枪架稳定性虽好，但往往比较笨重，甚至比枪身还重，体积也比较大。在PKM机枪问世前，重机枪/通用机枪几乎无一例外地采用了刚性枪架。

相对而言，弹性枪架是一种“不稳定”的枪架，它的设计目标就是实现较大幅度的变形，这与刚性枪架的设计目标完全相左。弹性枪架通常由薄钢板冲压成型，因此重量很轻，体积也很小，直观上会给人“单薄”“不结实”的感觉。机枪架在弹性枪架上射击时，枪架会按照人为

▲ 弹性枪架简化模型变形演示图，不同颜色代表不同的变形程度，颜色越“暖”，变形越大。借助于计算机，今天的弹性枪架分析和设计过程已经大为简化了

▲ 我国抗战时期生产的二四式重机枪，采用了典型的刚性枪架

设定的规律发生弹性变形，而机枪也会随之晃动。由于枪架的弹性变形规律与机枪的射击频率经过了人为匹配，机枪在击发每发枪弹的瞬间，其位置都能保持基本一致。换言之，机枪总是会晃动到同一个位置时击发，因此能保证与使用刚性枪架时相当的射击精度。

由此我们不难发现，看似“不靠谱”的弹性枪架，不仅在保证射击精度上不逊于刚性枪架，还在轻量化、易生产性上遥遥领先。

而弹性枪架的设计与校核过程可谓异常艰辛，必须靠大量的数学计算和模拟仿真等手段来支撑。如何掌握和修正枪架的变形规律？如何直观地观察枪架和机枪的匹配效果？这些都是研发过程中看似简单却极难解决的问题。

今天，我们可以利用计算机辅助有限元手段，将机枪的枪身和枪架划分为上万个“小网格”，利用计算机计算每个“小网格”的位移，得出整体的变形规律。至于匹配效果，则可以依靠每秒百万帧数的高速摄影机进行逐帧式的细致观察。但不要忘了，PKM 机枪的弹性三脚架诞生于 1969 年，当时是不可能依靠这些尚未出现的技术手段来辅助解决上述问题的。

苏联的枪械设计师们选择了一种纯数学的计算方法，大量利用了先进的力学、数学概念和理论，其总计算量是常人所难以想象的。可以肯定的是，这种庞杂的计算方法，绝不是一两位设计师所能驾驭的。这种方法的提炼与实践，牵涉到很多非枪械领域的知识，对一个国家的力学研究、应用数学研究及机械制造水平有着极高的要求。只有基础科学发达的大国、强国，才可能促成类似的跨学科、跨专业、跨领域性理论 / 技术融合。

▲ PKM 机枪的三脚架特写。弹性枪架对设计者的创造力和想象力有极高要求，设计和校核过程也极其繁琐

回到 20 世纪 60—70 年代的历史背景下，恐怕只有美国和苏联才真正有实力独立完成弹性枪架的研发工作。美国的市场化军工体系，决定了其不可能成为弹性枪架的积极推动者，因为不会有哪个军火商愿意为一个枪架投入如此高昂的研发成本。苏联自然就“责无旁贷”地成了弹性枪架的“始作俑者”。

不幸的是，拥有如此“惊艳”三脚架的 PKM 机枪，却只装备了寥寥几个国家的军队，并没有像同期的小口径突击步枪一样引领技术发展的潮流。唯一的答案也许就

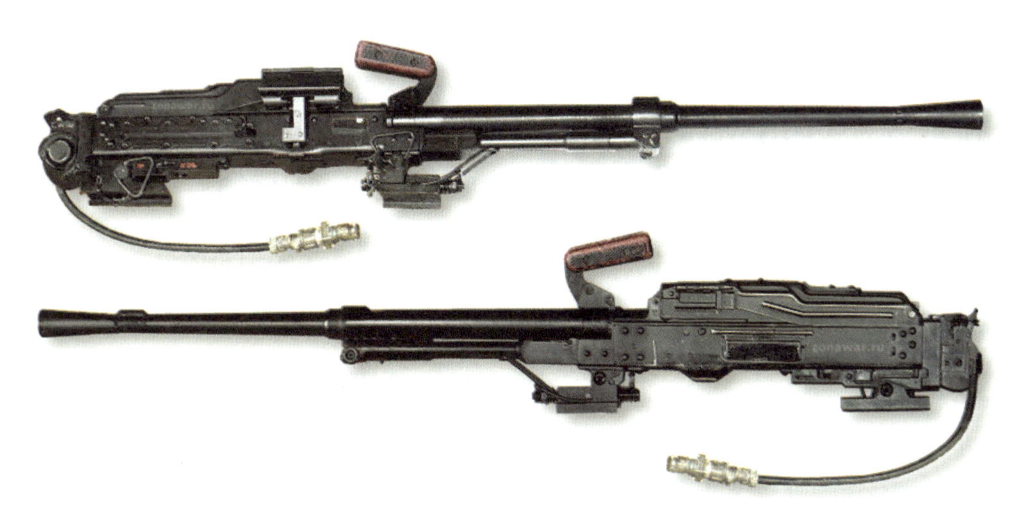

▲ PKMT 坦克机枪。PKM 机枪实现了枪族化，轻机枪型（基础型）称 PKM，重机枪型称 PKMS，坦克机枪型称 PKMT，车载机枪型称 PKMB

是生不逢时，随着各国正规军间爆发大规模冲突的可能性逐渐降低，装有三脚架的重机枪在地面战中的作用变得愈发尴尬，而在渐成主流的游击战和城市战中，机动性永远是第一位的，再先进的三脚架也不如两脚架方便。

如今，尽管我们仍然能在很多局部冲突中看到 PKM 机枪的身影，但此时的它，却大多以装两脚架的轻机枪形态出现，而那具注入了无数苏联设计师心血的、领先了对手们一代的先进三脚架，恐怕早已被人们遗忘，只能无奈地在历史的角落中“黯然神伤”。

枪械说

PKM 通用机枪到底有多可靠？

作为一代枪械大师卡拉什尼科夫继 AKM 步枪之后的扛鼎大作，PKM 机枪无疑使 AK 系列的优秀设计进一步发扬光大。对于这型近乎完美的机枪，我国 1985 年出版的《枪械手册》中有如下描述：（仿制试射过程中）10 挺试制机枪机构动作可靠性好，摸底寿命试验（注意是摸底寿命试验）没有因为机枪本身原因而出现的停发故障……试验中规定的故障率为 0~0.2%，实际的故障率在 0~0.02% 范围内。

5.2 墙外花香的弄潮儿——MP5 冲锋枪

第二次世界大战后，冲锋枪的设计思路忠实地延续了“战时模式”：在原理上，普遍采用开膛待机、自由枪机原理；在生产工艺上，普遍采用简单、廉价、易生产的方式；在性能上，普遍追求火力与压制性，而忽视单发精度。在这样的背景下，美国选择继续使用 M3 冲锋枪，德国的瓦尔特公司研发了 MPK/MPL 冲锋枪，以色列研发了乌齐冲锋枪，意大利的伯莱塔公司研发了 M12 冲锋枪。

▲ 1963 年问世的 MPK/MPL 冲锋枪，注意 MPK（下）的枪管比 MPL 的短

HK 公司推出 MP5 冲锋枪时，面对的是已经被这些“新瓶装老醋”的产品几乎瓜分殆尽的冲锋枪市场。德国军队装备了乌齐冲锋枪，而老对手瓦尔特公司先一步推出了面向军警市场的 MPK/MPL 冲锋枪，国内似乎已经没有了 MP5 的容身之地。除了尴尬的市场境遇外，MP5 本身就显得与那个时代格格不入。

首先，MP5 脱胎于 G3 步枪，可以视为 G3 步枪的“衍生品”，而不像同期的 MPK/MPL 那样，是专门打造的冲锋枪；其次，MP5 沿用了 G3 步枪的滚柱闭锁机构，这在冲锋枪中算是绝对的异类，结构复杂且维护难度大，即使采用了冲压加工工艺，整体生产成本相较同期产品也要高出不少；再次，MP5 的性能特点与步枪类似，精度，尤其是单发精度很

▲ M12 冲锋枪（左）和乌齐冲锋枪（右），两者分别诞生于 1959 年和 1954 年

好，点射模式也很好控制，在同期产品普遍追求火力和压制性的背景下，这种“剑走偏锋”的方式显然有很大的市场风险。

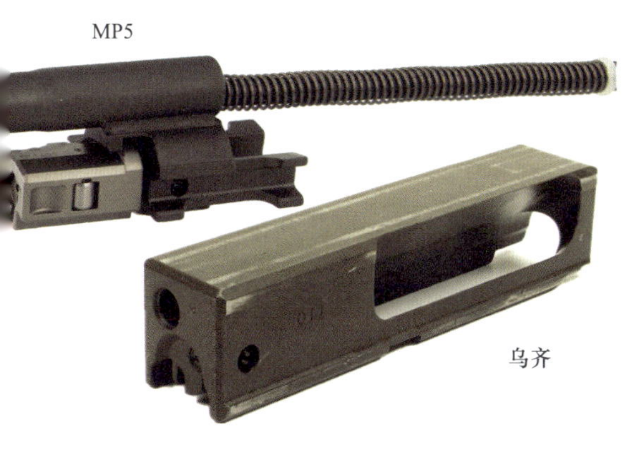

▲ MP5 和乌齐冲锋枪的自动机 / 枪机组，MP5 的自动机明显更为复杂。以乌齐冲锋枪为代表的结构简单、价格低廉的冲锋枪才是当时的主流设计

雪上加霜的是，HK 公司当时正忙于生产优先级更高的 G3 步枪，很难照顾 MP5（时称 HK54）的设计生产进度，因此直到 1964 年才制成少量样枪。而此时距 G3 步枪量产已经过去了整整 5 年。

不过，既然生米已经煮成熟饭，HK 公司肯定硬着头皮也要把 MP5 卖出去。他们决定主动出击，将样枪赠予众多潜在客户试用。尽管客户们的反馈普遍不错，但仍不足以使 MP5 绝境逢生，因为至少在德国国内，更多客户最终还是选择了成本更低、技术上更保守的 MPK/MPL。

生死攸关之时，一场历史性事件彻底改写了 MP5 的命运。

1972 年慕尼黑奥运会期间，一伙恐怖分子潜入奥运村劫持了 9 名以色列运动员和教练员，随后的营救行动以 9 名被劫持人员全部遇难告终。这一事件后续的调查和问责过程，对 MP5 的发迹起到了关键性的推动作用。

德国军警的调查结果显示，正是 MPK/MPL 的精度不佳直接导致了营救行动的失败。但客观而言，采用自由枪机、开膛待机原理的 MPK/MPL 就算精度不佳，也绝不至于连十几米内的人都打不中。这明显是德国军警的“甩锅”行为，因为种种证据都表明，行动失败很大程度上要归咎于他们的拙劣战术素养和错误的指挥策略，与 MPK/MPL 的性能几乎没有任何关系。不幸背了“黑锅”的 MPK/MPL 很快迎来了全面撤装的命运。而与此同时，原本在绝境里苦苦挣扎的 MP5，却翻身一跃成了德国军警的新“宠儿”。这难免使人怀疑，德国军警的调查行动是不是受到了 HK 公司的暗中影响。

▲ 慕尼黑营救行动中，打扮成运动员，手持 MPL 冲锋枪的德国警察

此后发生的两次事件，进一步提升了 MP5 的市场地位：

1977 年 10 月 17 日，摩加迪沙机场反劫机行动。德国边防警察第 9 反恐大队（GSG9）使用 MP5 冲锋枪击毙 3 名、重伤 1 名恐怖分子，人质全部获救。

1980 年 5 月 5 日，伦敦伊朗驻英国大使馆反劫持行动。英国特别空勤团（SAS）使用 MP5 冲锋枪击毙 5 名、俘虏 1 名恐怖分子，19 名人质全部获救。

尤其值得一提的是伊朗驻英国大使馆反劫持行动。这次行动进行了全球实况转播，身着黑色战斗服、头戴面罩的 SAS 队员首次在公众面前亮相。队员们手中的 MP5 冲锋枪，以及他们干练利落的战术动作，给电视机前的人们留下了深刻印象。自此，MP5 便与反恐队员的形象紧密联系在一起，成了枪械世界中的超级明星。

实际上，MP5"意外走红"的背后动因，正是以上述行动为代表的反恐战，

▲ 伊朗驻英国大使馆反劫持行动中携带 MP5 冲锋枪的 SAS 队员。这次轰动全球的行动成功捧红了 MP5 冲锋枪

逐渐以一种全新作战形式的概念，成为冷战后的主要冲突形式。

在反恐战中，恐怖分子的行动特点是隐蔽性好而难以防备，成本极低而收益较高。对国家军事力量而言，坦克、战机等先进大型装备在一般反恐战中根本派不上用场，决定胜负的，往往只有反恐队员和他们手中的枪。一般反恐战多发生在近距离、点对点的场景中。此时，步枪威力大、穿透力强的特点就成了劣势，很容易误伤人质和其他平民，而手枪威力显然又太小，不足以对抗持枪恐怖分子。因此，使用手枪弹，且威力、穿透力相对步枪小的冲锋枪，就顺理成章地成为反恐战中的首选武器。此外，在反恐战中，反恐队员的数量往往要远超恐怖分子。因此枪械的火力和压制性变得不再重要，精确打击能力成为首要需求。

MP5 原本尴尬的单发和点射精度高的特性，在反恐战中就变成了"人无我有"的绝对优势。至于高成本问题，对于预算相对充裕的反恐部队来说根本不是问题。而维护难度大的问题，对那些堪称"精英中的精英"的反恐队员而言，也是不足为患的。

反恐战不仅成就了 MP5，还将警用武器推向了全新的发展阶段。在此之前，警用枪械与军用枪械之间远没有如今这样泾渭分明，几乎没有国家会针对警用需求去专门研制或改进警用枪械。恰恰是日益严峻的反恐问题催生了专用警用枪械和相关反恐装备。由于作战场景和形式几乎完全不同，相较军用枪械，警用枪械的设计思路和设计指标都大相径

▲ 2014 年 SHOT SHOW 上 HK 公司推出的沙色 MP5A5 冲锋枪，机匣顶部和护木上都加装了皮卡汀尼导轨。尽管 MP5 系列已经是老骥伏枥，但其市场保有量仍然很大，且尚有一定潜在需求，因此 HK 公司暂时不会放弃对它的改进

庭。MP5 的大获成功，显然也是警用枪械发展的助推剂，它无疑强烈冲击了“军警一款枪”的传统理念，也使专用警用武器这一概念深入人心。

回溯 MP5 的发迹之路，我们会发现其中充满了“戏剧性”成分和偶然因素。MP5 定型伊始，“恐怖袭击”还没有成为热点话题，也根本没有所谓的“反恐战”概念，枪械设计师的思想再超前，也无法预测十几年后的作战形式和需求。秉承着军用理念诞生的 MP5，最终在反恐战和警用装备领域大放异彩，成了墙外花香的弄潮儿。从“当生命受到威胁时，你别无选择”这句经典的 MP5 广告语中，我们也许还能体味到枪械发展的无奈。

枪械说

采用开膛待击、自由枪机原理的冲锋枪为什么单发精度不佳?

在 MP5 之前，冲锋枪普遍采用开膛待击、自由枪机原理。采用自由枪机原理的枪械结构简单、生产成本低，但枪机（采用自由枪机自动原理的枪械，枪机就是自动机）重量普遍会达到 500g 左右，射速也有点“过剩”。想象一下，枪械射击时，一块 500g 的“铁疙瘩”（枪机）在枪身里高速往复运动，控制难度必然很大，不稳定的射击姿态就会导致单发射击精度不佳。

采用开膛待击原理的枪械的发射 / 击发机构简单，生产成本低，且枪机待击时位于后方，有利于散热。但相应的代价是，射手扣动扳机后，枪械必须要经历扳机释放阻铁，枪机前冲、闭锁、击发枪弹这一过程，重达 500g 的枪机要先进行前冲，再进行击发。这就意味着在击发瞬间，枪身内会有猛烈的撞击和严重的重心偏移，进而对射击精度，尤其是单发精度产生极其不利的影响。

5.3 自下而上的新势力——GLOCK 手枪

与第二次世界大战结束后的冲锋枪市场一样，手枪市场也有着自己的“设计规则”：自世界上第一型大规模列装的单 / 双动手枪瓦尔特 PP 问世后，任何一型“立志成名”的手枪，都要有一套拿得出手的单 / 双动机构。而单 / 双动机构几乎一定要用到“击锤”这个零件，相应的，外置保险（手动保险）也是必不可少的。

▲ 瓦尔特 P99 是一型单 / 双动击针手枪。如今，单 / 双动机构已经不再必然与击锤联系在一起

▲ PPK 手枪（右）与中国近亲 64 式手枪（左）。PPK 手枪是 PP 手枪的短管型。令人感慨的是，复杂的单 / 双动机构，居然通过小巧的 PP 手枪走向了成熟

彼时，绝大多数新设计的手枪都默默遵循着这个设计规则，例如伯莱塔 92 系列手枪、SIG P220 系列手枪（只有击锤释放钮没有外置保险）、HK USP 手枪、马卡洛夫手枪、APS 手枪、CZ75 手枪，甚至是与 GLOCK 存在直接竞争关系的斯太尔 GB 手枪（只有击锤释放钮没有外置保险），都无一例外地采用了“单 / 双动机构 + 击锤”的设计方案。

手枪的单 / 双动机构零部件繁多，且多为异形件，机构动作甚至略显“诡异”，设计和加工难度都很大。同时，手枪的体积较小，内部空间紧张，给单 / 双动机构留下的设计余度非常有限。对枪械设计师而言，设计手枪的单 / 双动机构，无异于“在立锥之地起舞”。因此，手枪的单 / 双动机构与机枪的输、进弹机构，是公认的枪械设计中最难驾驭的两个机构。

自诞生以来，单 / 双动机构就成为设计一型全新手枪的“敲门砖”。而其较高的设计难度，也将许多有志于革新手枪设计的人拒之门外。身为 GLOCK 之父的格斯通 · 格洛克，实际上对手枪设计几乎一窍不通。手枪的世界，原本是与格斯通平行的，若不是机缘巧合，他们也许永远不可能相交。

20 世纪 80 年代初，在奥地利军方发起的新型手枪招标项目中，本国历史最悠久，也最具影响力的军工企业——斯

太尔，推出了主打的 GB 手枪。但军方对这型手枪的性能并不满意，一度表现出更希望采购国外产品的意向。奈何老到的斯太尔公司为此发起了舆论战，大肆宣传“国枪国造”理念。压力之下，军方陷入了两难境地，一方面不敢贸然采购国外产品，另一方面又对斯太尔 GB 心存芥蒂。僵持不下之时，格斯通·格洛克主动找上了军方，希望参与到新手枪的竞标项目中。尽管此时的 GLOCK 公司不过是一家只有大约 20 人，只生产过刺刀的微型公司，但他们的出现无疑解了奥地利军方的燃眉之急，因为奥地利军方至少又多了一个“政治正确的选择”。伴随着格斯通的多方运作，奥地利军方也很快“投桃报李”，派出两名经验丰富的军官协助 GLOCK 公司设计新手枪。

精于政商之道的格斯通，充分尊重两位军官和公司设计人员的想法，让他们自由发挥，而自己则将精力都放到了塑料件应用和零部件互换性上。在相对宽松的氛围下，名为 GLOCK17 的新手枪很快出炉了。但令人大跌眼镜的是，这竟然是一型没有外置保险、没有单 / 双动机构、没有击锤的“三无”手枪，它除了拥有浓厚的奥地利军方背景外，几乎没资格在当时的手枪世界里占有一席之地，而这已经是格斯通团队的能力极限了。

GLOCK17 采用了在当时还十分罕见的击针单动设计。格斯通团队之所以采用这种风险较高的小众结构，并非是预见了手枪的发展方向，而是看中了它的“简单实用”。采用单 / 双动击锤结构的手枪，如前文所述，尽管功能全面，但结构非常复杂。而贯彻了“减法”思维模式的单动击针手枪，虽然在功能上不如前者（因为只能单动），也没有击锤，但具有零件数量少、易加工、成本低等优势。当然，后者最大的优势还在于避开了复杂的单 / 双动机构，使设计难度大幅降低。对“底子薄”的 GLOCK 公司而言，这显然是最有利的选择。

▲ 第一代 GLOCK 手枪。以笔者的使用体验而言，第一代 GLOCK 的套筒、握把都过于光滑，而复进簧又硬，手汗重的人上膛很容易滑脱，这说明初代 GLOCK 的设计尚显“稚嫩”

▲ 第四代 GLOCK 手枪，握把形状大幅优化，同时工艺更加精细，设计细节已经较第一代 GLOCK 提升很多

至于摒弃外置保险，则是源于奥地利军方的经验。军方曾做过研究，发现

许多人在紧急拔枪射击时，都会因忘记打开手动保险而无法及时击发，导致陷入危险境地。因此在军方看来，与其靠增加训练量来避免这类误操作，不如直接取消外置保险。这项大胆的设计即使到今天仍存在不小的争议。

▲ GLOCK 公司推出的美军“模块化手枪系统”样枪，即 GLOCK19 MHS。在这型手枪上，GLOCK 公司一反“常态”地采用了外置保险（红圈处）。可见，对于取消外置保险这项设计，GLOCK 公司实际上也抱着举棋不定的态度，他们此前的“坚守”恐怕只是在迎合用户罢了

如果我们将 GLOCK17 在奥地利的“出世”归结于政治影响，那么它在美国的大红大紫就值得深思了。刚进入美国市场时，几乎所有人都认为它是一型设计粗糙、外形丑陋的“拙劣之作”。然而，随着 GLOCK 公司利用“X 光机不能查出塑料制成的 GLOCK 手枪”等谣言大打广告，甚至不惜脸面请脱衣舞女郎来做代言，原本被一致看衰的 GLOCK17，竟然很快在美国枪械市场站稳了脚，甚至成了最畅销产品。

出色的营销手段固然是 GLOCK17 成功的关键因素之一，但这还远不足以使它在“挑剔”的美国市场中取得如此高的成就。这难道真的是一出“菜鸟乱拳打死老师傅”的荒诞剧吗？

实际上，GLOCK17 成功的真正“秘诀”，恰恰是看似“粗鲁”的自下而上的设计理念，这与 Stg44 突击步枪自上而下的设计理念正好相反。与其说是格斯通团队设计了 GLOCK17，不如说是奥地利军方“把着格斯通的手”设计了 GLOCK17。

来自奥地利军方的项目参与者，与“科班”出身的枪械设计师自然大有不同。前者本质上是用户，是产业链的“终端”，相对于设计师的“上位”，他们就是“下位”。在 Stg44 自上而下的设计理念中，设计师是主导。而用户，也就是军方，只能被动接受。在 GLOCK17 自下而上的设计理念中，表面上作为主导方的格斯通团队，实际上是被军方“牵着鼻子走”，让用户充分发挥了“主观能动性”。其结果就是，完全迎合了用户需求的 GLOCK17，反而具备了很多设计师们想不到或做不到的过人之处。

GLOCK17 在功能上做出的牺牲（无单 / 双动机构）是设计师们无法接受的，但由此带来的生产、使用、维护优势，以及可靠性的提高，又恰恰都是用户，也就是军方所青睐的要素。这与如今微软 Windows 系统越升级越全面、越复杂，却仍有许多用户怀念简洁的老系统异曲同工。

此外，由于放弃了单 / 双动、击锤等机构，GLOCK17 的枪口轴线得以大幅降

低，保证了较小的枪口跳动量，这对提高射速十分有利。而取消外置保险尽管增大了携行的危险系数，但简化了紧急拔枪操作流程。这些因“减 / 简”而来的优势，同样是用户所喜闻乐见的。

▲ GLOCK 手枪的枪口轴线（红线）到射手虎口（黄线）的距离小、力臂短，射击时枪口上跳轻微

奥地利军方是用户，在美国购买 GLOCK17 的人当然也是用户，他们的需求即使不完全一致，也一定是相似的。试问，一型在设计理念上完全迎合用户需求，几乎量身定制式的手枪，有一败涂地的理由吗？

要知道，格斯通的贡献也是至关重要的，正是他对塑料件应用和零部件互换性的执着，换来了 GLOCK17 的低成本和高互换性。试问，这样一型“物美”又“价廉”的手枪，在高超营销手段的助力下，有不成功的理由吗？

自 GLOCK17 后，S&W 的 Sigma、M&P 手枪，春田公司的 XD 手枪等一大批击针手枪便如雨后春笋般涌现。GLOCK 自家更是“疯狂”地推出了从 GLOCK18 到 GLOCK43 的近 26 个发展型，这无疑使原本陷入模式化循环而一片死寂的手枪市场重新燃起了生机。

自下而上理念相对自上而下理念的优势，正是其不受传统和理论束缚而展现出的活力与创造力。那些在正统设计师们看来“大逆不道”的设计方式和元素，纷纷挣脱了“枷锁”，走上自由绽放之路。GLOCK 公司的成功，不仅改写了手枪市场的格局，对枪械设计的发展也有极大的启示意义。特别是在小口径突击步枪时代，枪械技术的发展已经步入“滞涨”期，遵循自上而下理念的几次技术革新，包括无壳弹、先进战斗步枪计划（ACR 计划，不是雷明顿的 ACR 步枪），以及融合了枪械和编程榴弹的理想单兵战斗武器（OICW），要么彻底归于历史尘埃，要么在生死存亡间苦苦挣扎。在枪械设计即将彻底迷失的“危难”时刻，自下而上理念催生的手枪横扫了市场，掀起了一场充满活力的技术革新浪潮，这足以令每一位枪械设计师深思。

每当一种产品走入瓶颈期，就必然会有一条新的设计路径开拓而出，打破沉寂，催人前行。生活中，很多产品都脱离了原有的设计目的，为满足人们的需求而发展出新的用途。例如自行车从纯粹的代步工具演变为休闲、竞技工具，手机从纯粹的通信工具演变为娱乐、办公工具。任何工业化产品都会经历“实用化 - 廉价化 - 多用途化”这几个发展阶段，而这一切归根结底，无非是在迎合市场、迎合用户而已。

随着市场活力的下行，自上而下的产品都要步入自下而上的革新之路。今天的苹果手机就是最好的案例，在乔布斯时代，在自上而下理念的指引下，苹果设计师用天才般的超前设计征服了全球用户。而在后乔布斯时代，苹果自上而下的设计逐渐乏力，不得不向市场和部分用户需求妥协，开始尝试各种自下而上的改进升级。回到枪械领域，GLOCK 这种由用户主导的自下而上的设计理念，也很可能成为枪械设计未来发展的大方向。

当然，我们对自下而上的设计理念也要保持清醒而审慎的态度。用户主导的设计，往往有适用面狭窄的先天缺陷。换言之，GLOCK 手枪其实只是满足了一部分人的需求，而不是所有人的需求。直到今天，仍有很多人对“三无”的 GLOCK 手枪持坚决的否定态度，在他们看来，无法单 / 双动，无法像击锤枪那样指示待击状态，无法通过压倒击锤来实现待击，这些缺陷都是不可接受的。一定程度上说，这也是 GLOCK 手枪没能彻底淘汰传统单 / 双动手枪、一统天下的主要原因。

此外，仅就 GLOCK 的个案而言，用户主导加之设计团队缺乏经验，也导致设计上的瑕疵较多。笔者曾深入体验过第一代 GLOCK 手枪，发现了一些使用方面的问题：其一，扳机力设置“怪异”，不利于实现高精度射击；其二，套筒过于光滑，上膛时容易滑脱；其三，击针的击发能量不足，不能可靠击发底火较硬的枪弹。如今，FN 和 HK 这两家老牌枪械公司也分别推出了 FNS 和 VP9 两型与 GLOCK 系列手枪定位相同的击针手枪。相比之下，GLOCK 系列手枪尽管已经发展到第五代，但设计上乏善可陈，技术革新上后继乏力，更重要的是，原本的核心竞争力，也成了市场普遍行为。究其缘由，恐怕是不会再有哪个用户能像当年的奥地利军方一样，“循循善诱”地告诉 GLOCK 该去向何方了。

▲ FN FNS-40 手枪（上）和 HK VP9 手枪（下）。FN 和 HK 这样背景深厚的大型军火公司，硬实力上是 GLOCK 公司所难以比拟的。大公司挤进小市场，GLOCK 公司所面临的压力就可想而知了

枪械说

玩得一手好营销的 GLOCK 公司

推出 GLOCK17 后，GLOCK 公司邀请了美国各地警局的射击教官，到其位于佐治亚州的美国总部观摩体验。除正常的特性讲解和实弹射击体验外，他们还“别出心裁”地请射击教官们到亚特兰大市最大的脱衣舞俱乐部狂欢。GLOCK 公司的“慷慨”和“热情”当然不是毫无缘由的，要知道，美国警察是可以自行购买配枪的，而来自警局射击教官的建议，会极大影响他们的选购意向。

除上述手段外，为拿下庞大的警用市场，GLOCK 公司还推出了一个“超级大礼包”——蓝签枪。所谓蓝签枪，是指美国军、警、宪、公、检、法等部门人员，能以一个极低的价格（300 美元左右）购买 GLOCK 手枪，只是一年限购两支。对 GLOCK 公司而言，300 美元的售价看似是在“赔本赚吆喝”。而实际上，由于美国军警用枪对民间枪械消费市场有着巨大的影响，其促销行为背后是有丰厚回报作支撑的。

此外，GLOCK 公司还善于植入广告，他们将 GLOCK 手枪便宜卖给电影道具公司，而且不在意是反派还是正派角色使用。如此一来，电影商们也很乐意提高 GLOCK 手枪的出镜率。

GLOCK 公司最“大胆”的营销行动，是聘请知名舞娘莎伦·狄龙担任“枪模”，为此安排她学习了四天 GLOCK 手枪的使用课程。1990 年的拉斯维加斯枪展上，莎伦甫一亮相就引起了轰动，GLOCK 公司的看台被围了个水泄不通。一家原本名不见经传的小公司，就这样成了展会的焦点。

第 6 章　何去何从

各国对小口径突击步枪的坚守，无疑是枪械发展停滞的尴尬写照。需求的变化、技术的进步，都没能催生出真正具有颠覆性意义的全新枪械。站在发展的十字路口上，我们到底是该寄希望于一次天才般的自上而下设计所引领的技术拓荒，还是以用户需求为导向的自下而上设计所推动的技术革新？

6.1 光环下的迷茫 ——理想单兵战斗武器（OICW）的瓶颈

也许是小口径突击步枪的光环太过耀眼，同属“齐射”计划的 SPIW 项目如今已经鲜有人知。SPIW（Special Purpose Individual Weapon），意为“特种用途单兵武器”，是美国陆军军械局于 1951—1967 年间秘密开展的新式枪械研发项目。与广为人知的 OICW 一样，SPIW 也是一种具备点杀伤与面杀伤功能的整合式武器，属于枪械与榴弹发射器的组合体。在招标规划中，陆军军械局要求 SPIW 的总重不超过一支装填好的 M1 加兰德步枪（即 5.3kg）。

▲ SPIW 项目中的一种三角形弹方案，采用普通的 6mm 口径塑料弹头

由于设计要求近乎苛刻，参与 SPIW 项目竞标的公司拿出了很多看似“天马行空”的设计方案，这其中就包括以 XM110 和 XM645 为代表的箭形弹。目前可以确信的是，这些箭形弹的设计最高初速能达到令人咋舌的 1400m/s！要知道，德国豹 1 式主战坦克的 105mm 口径 L7A3 型坦克炮，在发射尾翼稳定脱壳穿甲弹时初速也不过是 1475m/s。超高初速带来了几乎平直的弹道，这能使射击提前量大幅减小，进而简化瞄准和射击操作过程。

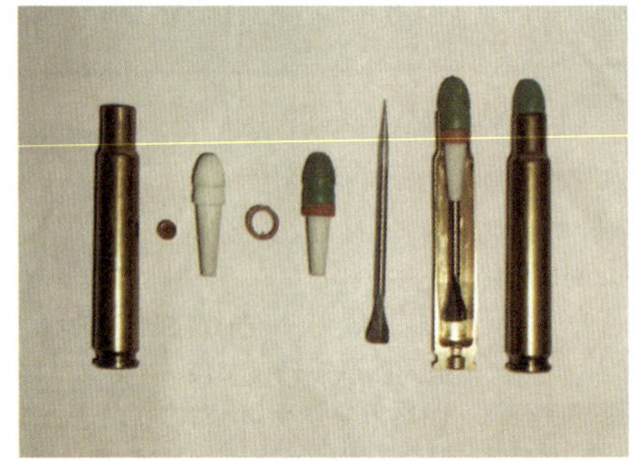

▲ XM144 型弹的结构示意图，它也是一种箭形弹，初速能达到 1220m/s 左右

此外，箭形弹还有着恐怖的杀伤力。高长径比的箭形弹射入人体（密度约为空气的 800 倍）时会产生大幅弯曲，变形为钩子状，以一种无法预测的形式翻倒并迅速释放能量，杀伤力远超普通小口径枪弹。尽管口径小、弹头轻，得益于高初速，箭形弹的侵彻性能仍然十分优异，丝毫不亚于 M14 步枪发射的 7.62×51mm 口径 M80 型步枪弹。

在杀伤力与侵彻力俱佳的同时，箭形弹的后坐冲量却很小。由于弹头重量极轻，箭形弹后坐冲量仅为 M80 型步枪弹的 1/8~1/6，藉此赋予 SPIW 优异的点射精度。有资料称，SPIW 很可能采用了与 HK 公司的 G11 和俄罗斯 AN94 步枪类似的高速点射技术。

小小的箭形弹只是“梦幻”般的 SPIW 项目的一个缩影。通过对性能指标和各类设计方案的梳理，SPIW 的理想形态已经跃然纸上：初速高、弹道平直、杀伤力高、侵彻力高、后坐冲量小、点射精度高，在总重较小的前提下依然融合了一具 3 发弹容量的 40mm 口径榴弹发射器，可谓“点面俱佳”。在陆军军械局的项目论证中，SPIW 面对 M14 和 M16 步枪时拥有压倒性优势。

遗憾的是，SPIW 项目最终没能越过理想与现实间的鸿沟。过于追求先进性的 SPIW，不仅面临着重重技术难题，生产成本也居高不下，根本不可能全面取代现役制式步枪。而神乎其神的箭形弹也因成本高昂、杀伤效果不稳定等问题而前功尽弃。

SPIW 项目下马后，志在“抛弃”M16 步枪的美国陆军又启动了 FRS（Future Rifle System）计划，即“未来步枪系统”计划。在“前卫性”上与 SPIW 项目相比有过之而无不及之的 FRS 计划，催生了一系列像“双循环步枪”“折叠弹”这样原本只可能出现在科幻电影里

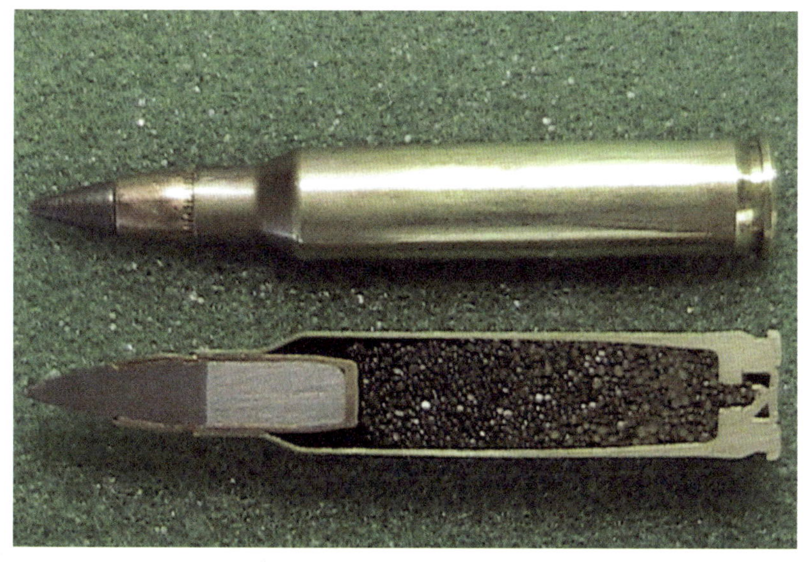

▲ M855A1 型弹的半剖状态（左）与 5.6×44mm XM216 型箭形弹的半剖状态对比，可见两者区别很大，后者的结构与坦克用尾翼稳定脱壳穿甲弹相似

的设计方案。因此它的惨淡结局也就不难想象了。

继 FRS 之后，美国陆军又提出了 ACR（Advanced Combat Rifle）计划，即“先进战斗步枪”计划。不同于 SPIW 和 FRS 的“100%美国造”性质，ACR 计划自诞生伊始就披着“美外合资”的外衣，因此德国 HK 公司、奥地利斯太尔公司等国际知名枪械生产商都积极地参与进来。其中，斯太尔公司推出了使用箭形弹的全新无托步枪方案，HK 公司拿出了苦心研发多年的 G11 步枪。而美国本土公司方面，则涌现出阿雷斯公司的 AIWS 塑料壳埋头弹、麦道公司的 AIWS 集束箭形弹等独具特色的创新产品。

▲ 斯太尔公司推出的 ACR 方案样枪，布局上与 AUG 步枪有一定传承性。如今提起 ACR，很多人会想到雷明顿公司的 ACR 步枪，但新老两个 ACR 其实是风马牛不相及的

在 ACR 计划的一众方案中，影响力最大的无疑是使用无壳弹的 G11 步枪。它能在 2100 发 /min 的高射速下，配合浮动技术进行三发点射，点射完毕后，后坐力才传递给射手。这种设计能大幅减小后坐力对射手瞄准姿态的影响，从而极大提高点射精度和枪械效能，与俄罗斯的 AN94 步枪有异曲同工之妙。

G11 使用的 4.73mm 口径 DM11 无壳弹，不需要传统枪械的抽、抛壳机构，在理论上能大幅简化枪械设计流程。同时，DM11 全重仅 5.2g，不及 5.56mm 口径 NATO 弹的一半，能大幅提升单兵携弹量。正因如此，无壳弹也一度成为各国公认的未来枪弹技术路径。

▲ 正在测试 HK 公司 G11 步枪的美军士兵。直到今天，极具前瞻性的 G11 也没能正式装备任何一个国家的军队

▲ 从左至右依次为 5.56mm 口径 NATO 整弹、DM11 整弹、5.56mm 口径 NATO 弹头、DM11 弹头、DM11 发射药和扩爆药、DM11 防护帽，可见 DM11 外形非常小巧

然而，相较 SPIW 项目更为保守的 ACR 计划，最终也没能逃过下马的命运。

直到 20 世纪 90 年代中期，当美国人意识到可以利用发展迅猛的电子技术来提高枪械效能时，OICW（Objective Individual Combat Weapon）计划，即“理想单兵战斗武器”计划问世了。

尽管传承了 SPIW 的“步榴合一”设计思路，但 OICW 计划的技术路径与前者以及相距更近的 ACR 计划都完全不同，其核心技术是可编程的数字化高速榴弹及相应的榴弹发射模块，步枪模块的设计反而非常保守，仍然选用了传统的小口径枪弹，没有采用任何新原理、新结构。

美军单兵的传统点、面杀伤武器分别是 M16 步枪和 M203 榴弹发射器。其中，M203 榴弹发射器的口径达到 40mm，尽管杀伤力很强，但初速只有可怜的 76m/s，弹道极其弯曲。此外，M203 配套榴弹的引信设计相对简单，功能有限。

OICW 计划正是美军努力改变这一传统火力配置形式的尝试。最终成型的 XM29 方案采用了 20×28mm 口径高速空爆榴弹。这种榴弹的初速可达 235m/s 左右，弹道远比 M203 榴弹平直，命中精度更高。

一套包括观瞄、测距、编程等多种功能在内的复杂火控系统是 OICW 的真正价值所在。发射新型榴弹时，OICW 能根据目标的位置设定榴弹的引爆时间（即编程），让榴弹飞到目标上空时再爆炸（即空爆），实现最大杀伤效果。这一技术使 OICW 能有效打击位于掩体后、建筑物中的目标，杀伤效果相比 M203 成倍提高，具有巨大的实战价值。

更重要的是，OICW 并不是孤立存在的，它是美军“未来作战系统”的重要组成部分，美军计划将其与“陆地勇士”（Land Warrior）单兵综合作战系统配合使用，这对实现步兵单位信息化、体系化而言意义非凡。

然而，一切看起来很美的 OICW，在技术难题与适装性问题的折磨下，同样

▲ XM29 方案的不同阶段构型之一。OICW 依然保留了传统的步枪，即使电子系统失灵，步枪依然能正常工作，因此电子系统的可靠性绝不是掣肘 OICW 发展的主要因素

陷入了前辈们的“死循环”。志在必得的美国陆军最终不得不选择了一条技术风险相对较小的开发路径：在继续推进已经成型的XM29方案的同时，将OICW系统一分为三，拆分为XM8轻型突击步枪（交由德国HK公司研发）、XM25空爆榴弹发射器（口径改为25mm）和XM104火控单元三个相对独立的模块，以求各个突破，降低研发难度，提高研发效率，最后以标准接口的形式实现整合。

▲ 25mm口径XM25空爆榴弹发射器，这种外形科幻的武器曾经是军事杂志的封面常客，但已经于2018年黯然下马

项目的后续进程众所周知，尽管XM8和XM25一度成为优先级很高的热门型号，但发展过程依旧艰难。如今，连HK416这样的“晚生后辈”都实现大批量生产了，XM8头上那顶代表“试验”的“X帽子”也没有摘下来。而XM25项目更是被彻底取消。各独立模块尚且如此，整合出全新的XM29就成了痴人说梦。

至少以现在的研发进度来看，OICW的发展前景是不太乐观的。单就技术难度而言，只借助电子技术来提高杀伤效能的OICW，其实远比之前的SPIW、FRS和ACR更现实、更保守。而略显“荒诞”的是，原本肩负着全面取代小口径突击步枪使命的OICW，却自始至终保留着“小口径的灵魂”，只是靠形式上的“加法”来达成所谓的革新，这无疑是一种技术理念上的退步。因此不难发现，阻碍OICW真正走向实战的，其实并不是硬件技术上的不可实现性；至于电子系统的可靠性问题，通过更多的测试和试装打磨也完全能够解决。

那么，导致OICW发展千回百折的“元凶”到底是谁？

通过梳理两次世界大战以来的自动步枪技术发展逻辑，答案就会浮出水面：

第一次世界大战前夕，使用全威力枪弹的机枪技术已经成熟，无论从性能还是可靠性上，都能满足大批量投入实战的要求。但几乎同时问世的使用全威力枪弹的自动步枪，却陷入了举步维艰的境地。机枪能借助两脚架或三脚架，以及较大的自重实现稳定连发射击，而步枪只能靠士兵的身体来支撑。显然，人体无法持续承受全威力枪弹连发射击时的巨大后坐力，枪械的连发精度根本无法满足实战需求。第一次世界大战期间，突破堑壕的迫切需求催生了冲锋枪这种应急色彩浓厚的“缩水自动步枪”，它通过使用手枪弹，而不是后坐力巨大的全威力枪弹，成功避免了士兵体能与连发射击稳定性要求不匹配的问题，但天然性地存在射程和杀伤力不足的缺陷。第二次世界大战期间，在整体火力水平大幅增长、枪械作用空间被压缩的背景下，划时代的突击步枪应运而生。相对于全威力枪弹，突击步枪所使用的中间威力枪弹，尽管在一定程度上牺牲了初速和杀伤力，但以士兵的体能为上限，较好地平衡了火力和连发射击精度的需求。冷战至今，自动步枪逐渐形成了“第二 / 三代突击步枪 + 小口径枪弹”这一相对保守的进阶组合，基本因循了“第一代突击步枪 + 中间威力枪弹”组合的技术路径，只是用“小口径低质量弹头 + 高初速”的设计组合，弥补了中间威力枪弹的初速和威力短板。至于前卫的箭形弹和无壳弹，实际上都延续了小口径枪弹“弹头更轻、初速更高”的设计思路，在设计目标上是殊途同归的。

综上，两次世界大战以来的自动步枪技术发展逻辑，其实就是在尽可能减小士兵体能对枪械效能的影响。换言之，是士兵的体能极限给枪械技术的发展划定了边界。体积和重量相对传统小口径突击步枪都大幅增加的 OICW，无疑要面临士兵体能问题的严峻考验，而这显然不是自上而下的强制性推广所能解决的，最终决定其命运的，只能是用户（士兵）。

也正是对士兵体能的迁就，使 OICW 的核心技术——高速榴弹，成了一个暂时性的“伪命题”。榴弹作为面杀伤武器，初速越高、弹道越平直，精度越高；口径越大、装药越多，杀伤效果越好。然而，OICW 的 20mm/25mm 口径“高速榴弹”，实际初速仅有 200m/s 左右，相比传统枪射榴弹并没有质的提高，精度只能靠复杂的火控系统来弥补。此外，其弹头重量也只有 80g 左右，严重偏轻，威力有限，实际杀伤效果堪忧。

▲ 现代小口径高炮的炮口部位通常有两根“软线”，它们其实是传输弹头初速数据的导线。炮口内装有测速传感器，与这两根导线同为弹药编程及火控系统的一部分。这项技术已经诞生了几十年，OICW 系统高速榴弹的设计灵感和技术基础都源于此

OICW 接下来的研发或者说优化要点，就是尽可能平衡士兵体能与枪械效能需求，向“低后坐、轻量化、小型化、高可靠”的目标迈进。

我们对 OICW 的“批判性”剖析当然不是否定它的存在和发展价值。一方面，作为整合点面杀伤功能的系统，OICW 的技术发展思路具有很高的理论价值；另一方面，作为牵涉多领域技术的高集成化系统，OICW 的技术成果将“反哺”很多传统领域，产生持续而广泛的推动作用。

武器研发不是斤斤计较的小本生意，它更像风险投资，谁能率先抢占下一个制高点，谁就能率先享受相应的技术福利。

▲ 我国 2018 年公开的“OICW”，名为 QTS11。QTS11 的榴弹发射系统放弃了臃肿的半自动机构，采用手动操作、单发装填方式，重量和体积大为降低，是各国同类系统中最轻的一型

6.2 HK416 中标的背后——对模块化步枪的思考

法国人淘汰 FAMAS 步枪的决定并不值得惊讶——随着唯一生产 FAMAS 步枪的圣艾蒂安兵工厂于 2014 年正式关闭，他们实际上已经丧失了独立研发全新步枪的能力。然而，HK416 步枪最终淘汰 FN SCAR 步枪，成功中标法国新步枪项目，却着实耐人寻味。

脱胎于美国“特种作战部队战斗突击步枪”计划（Special Operations Forces Combat Assault Rifle）的 FN SCAR 模块化步枪，是代表了步枪发展潮流的全新产品，也是目前最先进的量产产品之一。而比利时 FN 公司推出过 5.56mm 口径北约标准枪弹（SS109 弹）、FAL 步枪、BHP 手枪、MAG58 和 Minimi 机枪等经典型号，是背景深厚的老牌轻武器生产商。因此，SCAR 步枪可谓是含着金钥匙出生的“枪中贵族”。

反观 HK416 步枪，项目背景上远不如 FN SCAR 深厚，技术上也不如模块化的 FN SCAR 亮眼。在 2004 年的美国拉斯维加斯枪展上，HK416 首次亮相，只是它当时的名字还是 HK M4。从这个再直白不过的名字里不难看出，HK 公司推出 HK M4 的初衷，其实仅仅是想打入美国步枪市场，与 M4 卡宾枪分一杯羹。而后来之所以更名为 HK416，正是因为触怒了 M4 的“版权方”柯尔特公司，被对方告上了法庭，不得已做出的息事宁人之举。即使是 HK416 这个名字，其

▲ SCAR-L 型（即 Mk 16）（左）和 SCAR-H 型（即 Mk 17）（右）模块化步枪，两者分别采用 5.56mm 口径 NATO 弹和 7.62mm 口径 NATO 弹。射手在使用过程中能根据任务需求灵活更换枪管

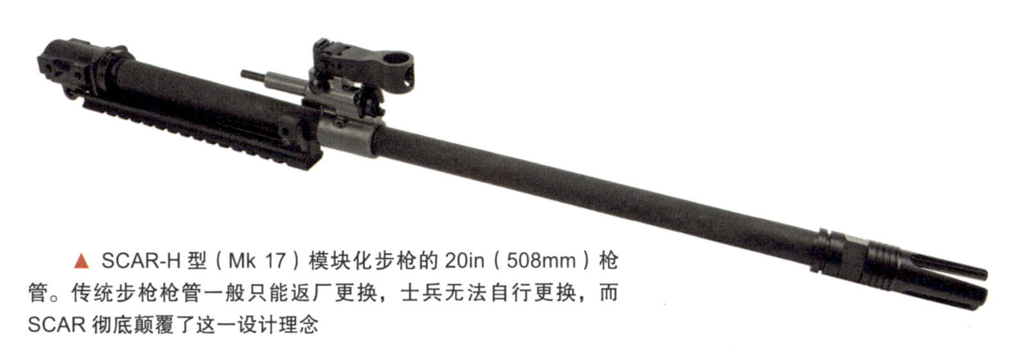

▲ SCAR-H 型（Mk 17）模块化步枪的 20in（508mm）枪管。传统步枪枪管一般只能返厂更换，士兵无法自行更换，而 SCAR 彻底颠覆了这一设计理念

实也透着浓浓的“山寨”味儿——其中的“4”无疑指的还是 M4，而“16”则显然指的是 M16。可见，HK 公司最初给 HK416 的定位恐怕至多是“M16 家族终结者”，而不是像 FN SCAR 那样的“技术开拓者”。

HK416“诚意不足”的结构特征也恰恰印证了这一点。不同于几乎大多数部件都全新设计的 SCAR，HK416 实际上就是“活塞版 M4”，它仅仅是在 M16/M4/AR15 系列步枪的基础上，将气吹式自动原理换成了短行程活塞式自动原理，性能上相较“原版”注定不可能有质的提升，整体设计也是乏善可陈。换言之，HK416 充其量只能算“旧瓶装新醋”。

实际上，就连 HK 公司自己对 HK416 项目也是“漫不经心”。与 HK416 同期开展的还有 XM8 和 HK MP7 这样技术领先、前景可期的重点项目，HK 公司自然要把主要精力放在它们身上，能投入 HK416 项目的资源就可想而知了。

回到 FN SCAR 步枪，仅就模块化设计理念一点，就是 HK416 步枪所望尘莫及的。模块化设计理念是枪族化设计理念的进一步发展，也是近年来枪械技术

▲ 早期版 HK M4，铭牌上依稀可见“HKM4 10 INCH BARREL 5.56mm”字样。可见此时的 HK M4 在外形上与“正版”M4 卡宾枪相似度很高

领域最受关注的技术路径。在小口径时代的典型枪族化架构中，原本不同种类的枪械之间实现了大部分零部件的通用化，枪族内的步枪、轻机枪、卡宾枪和狙击步枪/精确射手步枪间具有高度的一致性。枪族化的积极意义不仅在于降低生产和使用成本，更有利于统一枪械操作和维护习惯，缩短列/换装适应周期，简化训练和后勤供应体系。

而模块化设计理念更上一层楼，用“一支枪，多枪管”的架构取代了枪族化的“多枪一族，一枪一用”架构，在一

▲ 枪族化的基本理念是“多枪一族，一枪一用”，例如图示的 AK 枪族，三者虽然各司其职，但在零部件上又有高度的一致性

支标准枪管步枪的基础上，通过更换枪管就能转换成其他用途的枪械，相较枪族化设计理念进一步降低了产品的生产和使用成本，“用途变而枪不变”则最大程度上简化了训练和后勤供应体系。在革新乏力的小口径时代，这种相对“温和”且“廉价”的技术升级路径显然具有较高的普适性和良好的发展前景。将模块化设计理念一以贯之的 FN SCAR 步枪，通过更换枪管就能轻松、便捷地在短枪管步枪 / 卡宾枪、标准步枪、长枪管步枪等模式间转换，满足多种功能需求。

尽管 HK416 也被一些媒体称为“模块化步枪”，但它所谓的模块化与 FN SCAR 相去甚远——HK416 只能通过更换上机匣组件的形式实现功能转换，而上机匣组件几乎就是“半支枪”，更换成本高昂，远不如 SCAR 的快换枪管来得实用。

▲ 对枪械而言，“模块化”实际上并不是什么新潮的理念，早在 FN SCAR 之前，斯太尔 AUG 步枪就实现了真正意义上的模块化，通过更换不同的枪管，便能在短步枪（卡宾枪）、步枪和轻机枪模式间转换。AUG 的“不得志”缘于生不逢时，它活跃的年代“模块化”理念还没有被广泛接受

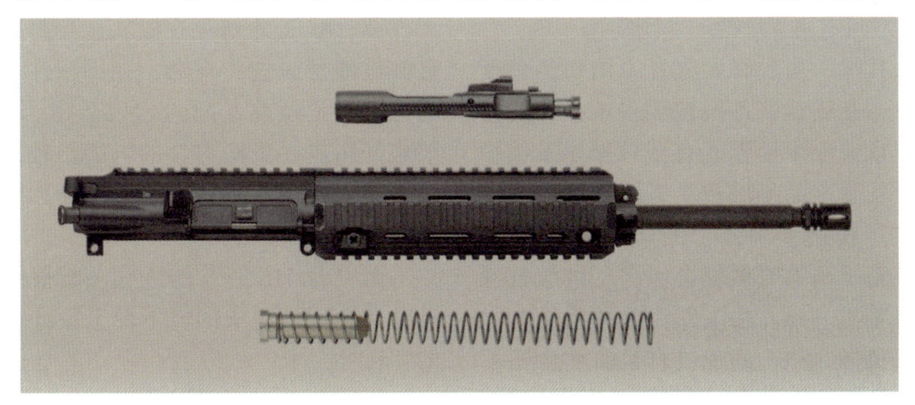

▲ HK416 的民用型——MR556A1 的上机匣组件。HK416 所谓的模块化是通过更换上机匣组件实现的，但这种实现方式成本高昂，很难转化为制式军用武器，只能活跃在民用市场

如此看来，FN SCAR 步枪的败走麦城就多少有些令人匪夷所思，难道是 GLOCK 击败斯太尔 GB 手枪的“荒诞剧”又一次上演了？

不过，再“荒诞”的剧目也一定有它的内在合理性：针对 FAMAS 换装项目，我们不禁要问，头顶“模块化”光环的 FN SCAR 步枪诚然先进，但这真的就是法国人所需要的吗？

首先，“模块化”对枪械的贡献更大程度上体现在训练使用、后勤供应等“宏观层面”，而非杀伤力、精度、射程等与性能直接相关的“微观层面”。换言之，“模块化”并不能赋予 FN SCAR 性能上相较 HK416 等“平庸竞品”领先一代的优势，它所带来的是体系效能层面的优化提升。而某种意义上看，这种体系层面的优化提升又是需要更广泛且深入的组织模式和装备体系变革来配合实现的。也就是说，仅仅为士兵们换装 FN SCAR 步枪也许根本无法发挥“模块化”的优势。

从法国人的角度，也就是用户的角度出发，所谓的“先进性”如果不能直接转化为实实在在的“战斗力”，那么它就是“可有可无”的“非刚需”。

其次，从法国人或者说用户的角度出发，在武器装备换装项目中，那些完全继承或至少接近既有型号操作及维护习惯的新产品显然更受青睐。这就像你习惯了使用苹果公司的 iOS 操作系统，在换新手机的时候就会倾向于继续选择苹果手机一样。法国作为北约组织的主要成员国之一，其现役官兵自然少不了接触美式武器的机会，尤其是像 M16/M4 步枪这样普及度极高的“世界武器”。这就使 HK416 步枪与 M4 步枪“同源”的特点转化成了它相对 FN SCAR 步枪的绝对优势项，因为“里外三新”的 SCAR 步枪在操作和维护方式上与 M16/M4 步枪大相径庭，几乎毫无继承性可言。

最后，对如此量级的换装项目而言，生产和使用成本往往是左右决策的核心要素。HK416 步枪一方面几乎没有采用任何高成本、高风险的新技术和新工艺，另一方面又有广阔的 M4 卡宾枪换装市场作支撑，因此在综合成本上必然有相对乐观且可靠的预期。相较而言，FN SCAR 步枪短期内显然要面对更高的技术风险，而模块化设计理念对降低成本的贡献恐怕也要在量产多年以后才能体现出来。

总之，无论是相对更难适应的操作和维护方式，还是相对更高的综合成本，都注定了法国人最终抛弃更先进的 FN SCAR，而选择更平庸的 HK416 这一结局。

如果我们以 FN SCAR 步枪为始点，上溯延续至今的小口径时代，就不难发现，自上而下设计理念催生的概念方案无一例外地抑或彻底埋没在历史尘埃中，抑或身陷进退两难的境地而难以自拔，无壳弹、ACR 计划等看似前途光明的项目都没能摆脱这一宿命。在创新性、前瞻性上尚不及前辈们的 FN SCAR 步枪，很难开拓出一条颠覆性的发展路径，使枪械技术实现真正意义上的革新，彻底脱离小口径的窠臼。

而“HK416 们”的胜利，归根结底还是迎合用户需求的自下而上设计理念的胜利。

所谓他山之石可以攻玉，以 HK416 步枪战胜 SCAR 步枪为启示，梳理我国的枪械发展之路，也许可以达到抛砖引玉的作用。

在从“万国牌”步枪走向“56 式半自动步枪 +56 式冲锋枪”的阶段，人民解放军经历了漫长而艰难的适应过程。制式化之初，碍于抗战和解放战争时期养成的栓动步枪使用习惯，战士们更青睐的是技术上“落后半截”的 56 式半自动步枪，而不是更先进的 56 式冲锋枪（AK47 的仿制型）。这直接催生了“逆潮流”的 63 式自动步枪。身为我国独立研制的第一型自动步枪，63 式在整体布局上却更接近 56 式半自动步枪，且大量采用了木质零部件，更偏重拼刺性能，这显然是相对 56 式冲锋枪的技术倒退。

到 81 式自动步枪大规模列装阶段，由于已经习惯了 56 式冲锋枪的使用和维护方式，而 81 式又与 56 式冲锋枪有很高的继承性，战士们并没有表现出强烈的不适应感。

然而，待到换装 95 式自动步枪阶段，由于从有托布局变成了无托布局，95 式的整体使用和维护方式相较 81 式发生了颠覆性变化，这无疑对其换装工作造成了很大困扰。尽管其性能相较 81 式好得多，但仍然导致了不少的用户抱怨。

▲ 自上而下分别为人民解放军曾经装备的 56 式半自动步枪、56 式冲锋枪、63 式自动步枪、81 式自动步枪

这里有一个笔者体会颇深的直观案例。56式冲锋枪和81式自动步枪有一个通用的快速换弹匣法，即“单手换弹匣法”：右手握持枪身，左手用新弹匣顶弹匣卡榫，顺势卸下空弹匣，再插上新弹匣。但对95式自动步枪而言，由于采用了无托和弹匣后置布局，上述快换弹匣动作就变成了“掏心窝”，套用执行起来非常别扭。碍于换装进度、装备规模和训练调整等问题，战士们在换装95式后的很长一段时间里仍然坚持采用这个别扭的快速换弹匣法。直到近些年，符合95式使用特点的新换弹匣法才得以全面普及：射手左手持枪，先将枪身逆时针旋转90°，使枪身横置，再用右手拍打弹匣卡榫，卸下空弹匣，然后用右手取新弹匣并插入，最后将枪身调正。

一套再简单不过的战术动作，竟然经历了十多年时间的“艰难转型”。由此可见使用习惯对枪械换装和训练体系的影响之深。

对人民解放军而言，制式步枪的发展路径已经非常清晰：既然自上而下设计模式下的技术走得艰难，那就转向迎合用户使用习惯的自下而上设计模式。聚焦到现实路径上，要么选择继续改进部队已经完全习惯的95式步枪或研发相似布局的新产品，要么选择研发使用习惯和维护体系尚存的AK风格有托布局新产品。当然，最优选择是在这两条路径上同时探索，并行研发和试验新产品，给予部队较大的选择冗余。

至于以HK416为代表的、当下颇为流行的“活塞版M4”，对人民解放军而言是完全没有必要跟风研发的。尽管很多人都在鼓吹这是顺应潮流之举，但平心而论，M4风格短行程活塞式自动步枪在性能上无法与95式等典型小口径突击步枪拉开代差。换言之，“活塞版M4”能实现的功能，95式用一样的工艺也能实现。更重要的是，人民解放军从未正式列装过M16/M4系列步枪，而这一系

▲ 95式自动步枪（上）与03式自动步枪（下），注意两者均未装弹匣。相较95式，03式保留了81式自动步枪的大部分操作习惯，这某种程度上就是对95式适装问题进行的修正

列步枪的操作和维护方式与我国所有既有步枪都截然不同。在无法获得技术领先优势的前提下，贸然换装一型在操作和维护习惯上毫无继承性的全新步枪，对部队，也就是用户而言，显然是存在极大风险和挑战的。

▲ SIG 公司推出的活塞版 M4——SIG 516。如今在全世界范围内，“活塞 AR”已经蔚然成风，各大公司都有类似的产品，但笔者认为，毫无 AR 步枪使用经验的人民解放军，完全没必要凑这个热闹

当然，也有人提出为什么不干脆设计一型与 56 式、81 式、95 式，以及“活塞版 M4”都完全不同的全新产品。基于前文分析我们不难看出，这条路径显然是最不具有可操作性的。首先，设计一型颠覆性产品的难度极大。如之前章节所述，M4 继承了斯通纳技术风格，81 式继承了卡拉什尼科夫技术风格，而 95 式与 FNC 类似，属于相对独立的“独创风格”。这三种技术风格代表了当今步枪技术的绝对主流。既要一口气绕过现有的三种经典技术风格，又要达成稳定的性能指标，其设计难度可想而知。其次，就算真的能打造出这样一型颠覆现有技术风格的产品，就技术本质而言，它仍然是一种小口径突击步枪，在性能上是很难与现役产品拉开代差的。更何况还要推广全新的操作和维护方式，这就从根本上违背了自下而上的设计理念，逆用户需求而行，最终恐怕只能是得不偿失。

6.3 启迪未来 or 昙花一现——新兴枪弹的今天与明天

单兵防卫武器（PDW）

PDW 是“Personal Defense Weapon”的缩写，意为“单兵防卫武器”或“个人防卫武器”，是一种设计用于全面替代传统的手枪、冲锋枪和短突击步枪（卡宾枪），装备二线作战人员的全新自卫枪种。所谓二线作战人员，指的是车辆驾驶员、飞行员、后勤人员、工兵等非直接作战人员。这类人员基数庞大，能占到一些部队总员额的一半左右。他们接受的枪械射击训练相对有限，同时受制于任务环境，很难携带体积、重量较大的轻武器。

无论是传统的手枪、冲锋枪，还是短突击步枪，对二线作战人员而言都不是理想的自卫武器。传统手枪的训练难度大，且射程和威力均有限。传统冲锋枪在威力方面也不尽人意，尤其是面对穿着防弹衣的敌人时更显得力不从心。短突击步枪尽管威力足够，但体积、重量和后坐力还是较大，不利于二线作战人员携行和操作。

综上，PDW 的设计目标就是在保证一定威力的前提下，拥有尽可能小的体积和重量，且易于操作和维护。实际上早在 1989 年，北约组织就在 AC225 文件中明确表示，有必要在成员国军队中普及 PDW。

面对广阔的市场前景，枪械生产商们自然都不甘落后。FN 公司推出了 P90，HK 公司则针锋相对地拿出了 HK PDW（正式型号名为 MP7）。两家公司都是“自掏腰包”开展的研发工作，甚至打造了全新的 PDW 专用枪弹，前期投入不可谓不大。

从结构设计上看，P90 和 HK PDW 都很大胆且先进。P90 采用了无托布局，HK PDW 则采用了 T 形布局。从具体性能上看，两型 PDW 的全长都没超过 650mm，体积小巧，重量也都没超过 2.6kg，轻便易携。同时，两者的初速都超过了 700m/s，能有效击穿 9mm 口径手枪弹无法击穿的凯夫拉材质头盔和防弹衣。总之，FN 和 HK 都拿出了体积和重量与冲锋枪相仿，威力接近短突击步枪的合格 PDW。

◀ FN 公司的 P90。该枪的塑料机匣设计与 AUG 突击步枪相似，分为左右两瓣，通过遍布枪身的螺钉（红圈处）连接

▶ HK PDW 的正式型号名是 MP7，它如今已经成为 HK 公司的拳头产品之一

然而令人大跌眼镜的是，P90 和 HK PDW 双双遭遇了市场滑铁卢，都没能如愿在北约组织内部普及开来。相对“老辣”的 HK 公司见风使舵地将 HK PDW 更名为 MP7，以冲锋枪名义装备了德军和少数国家的特种部队。更值得玩味的是，P90 和 MP7 的真实消费群根本不是预想中的二线作战人员，而是特战队员和特警等一线作战精英。

有人认为 PDW 失宠的主要诱因是苏联解体使北约组织的军事压力骤减。但在笔者看来，仅就 MP7 和 P90 而言，其核心问题恰恰在于没能实现基本的设计目标——易使用。

▲ 从左至右依次为：5.56 × 45mm NATO 弹、9 × 19mm 巴拉贝鲁姆弹（常见手枪 / 冲锋枪弹）、与 P90 配套的 5.7 × 28mm 弹、与 MP7 配套的 4.6 × 30mm 弹。专为一型枪研制一型新枪弹无疑是一种很“奢侈”的行为

实际上，“易使用”是一个相对模糊的指标。首先，无论 FN 公司还是 HK 公司，都过分专注于体积、重量和初速等技术性指标，而对用户使用习惯照顾不足。MP7 和 P90 的结构布局新颖且配套了全新枪弹，这就导致两者的使用方式与任何既有型号间都存在较大差异，所有用户都必然要面临相对严重的适装性问题。其次，解决新装备适装性问题的关键也许并不在设计本身，而在训练体系和力度。从这个角度出发，加大训练力度或优化训练体系，对“易使用”指标的提升作用恐怕要比单纯的技术改进和优化更明显。然而，为“二线作战人员”的武器换装而对训练体系“大动干戈”显然不是明智之举。

更重要的是，在现实需求相对较弱，且成本预期相对较高的前提下，恐怕不会有哪个国家会贸然选择大规模列装 PDW 这样的新型武器。

当然，我们并不能因此看衰 PDW 的发展前景。毕竟，一种易于使用、功能全面的枪械，对任何有防卫需求的人而言都是有极大吸引力的。随着外骨骼等人体助力技术的进步，PDW 的发展也许就会迎来新的契机。

新型中口径机枪

首先要明确的是，“中口径枪弹”与“中间威力枪弹”之间是包含关系，“中间威力枪弹”基本上都属于“中口径枪弹”的范畴，但“中口径枪弹”并不全是“中间威力枪弹”。以下“中口径枪弹”都属于“全威力枪弹”，例如北约通用的 7.62 × 51mm NATO 弹、俄罗斯的 7.62 × 54mmR 弹，以及 7.92 × 57mm 毛瑟弹。

20 世纪 80 年代，在小口径浪潮冲击下，FN 公司推出的小口径机枪扛鼎之作——5.56mm 口径 Minimi 轻机枪，很快成为几乎所有北约成员国的制式机枪。随后，小口径机枪的发展便走上了快车道。而以 MAG（M240）、MG3、M60 和 PK 等为代表的，普遍诞生于 20 世纪 50—60 年代的中口径机枪，却迟迟没能迎来正式的升级或迭代。一时间，传统中口径机枪大有被束之高阁之势。

▲ 加拿大军队装备的 C9 小口径机枪，即 FN Minimi 机枪的加拿大版

个中缘由也不难理解：其一，也是最重要的一点，性能上相近、任务功能上重叠的小口径机枪极大压缩了传统中口径机枪的需求空间，直接导致传统中口径机枪的发展严重滞后；其二，主要枪械生产国和制造商在这一时期大多专注于开发新一代步枪系统，典型的如美国的 ACR 和 OICW 项目，机枪的更新迭代优先级普遍较低；其三，随着军队“车辆化”程度的提高，传统大口径机枪以车载的形式部分解决了机动性难题，一定程度上压缩了中口径机枪的功能区间；其四，以美国 XM312 为代表的新型轻量化大口径机枪的问世，进一步导致中口径机枪的需求前景被普遍看空。

直到 2001 年的阿富汗战争前后，中口径机枪才迎来了命运的转折。阿富汗地形多山、道路崎岖，对于车辆有较大的使用限制。而塔利班游击队火力贫弱，很难在与美军的近距离正面战斗中取胜，因此多进行远距离袭扰。双方的交火距离相对传统正规军作战大为增加，美军小口径机枪的射程和威力劣势暴露无遗，反而是塔利班游击队的中口径 PKM 机枪给美军造成了不小的麻烦。意识到问题严重性的美国人反应迅速，陆军推出了中口径机枪 M240（7.62mm 口径）的轻量化版——M240L，海军则推出了中口径版 Mk46 机枪——Mk48（7.62mm 口径）。美军的行动随即引发了涟漪效应，德国的 HK 公司跟进推出了 7.62mm MG5（HK121）中口径机枪，比利时的 FN 公司则推出了 7.62mm 和 5.56mm 两个口径可选的 Mk3 中口径机枪，俄罗斯也顺势拿出了 PKM 的改进型——Pecheneg-N 机枪。

▲ 德国 HK 公司推出的中口径机枪 MG5。多数国家在阿富汗战争后推出的中口径机枪都属于“旧瓶装新酒”类产品，MG5 是为数不多的全新产品之一

▲ 美国通用动力公司推出的 8.6mm 口径 LWMMG 机枪，它的设计目标之一，就是在足够轻量化的同时，利用射程和威力优势，全面压制 PKM 机枪。尽管尚未正式定型，但受关注度很高

然而，我们也许应该更加冷静地看待中口径机枪的“第二春”。贴着局部、反恐等标签的阿富汗战争，恐怕很难对机枪的发展产生决定性影响。在阿富汗局势趋于稳定，美国战略方向逐渐转移之后，中口径机枪的需求实际上已经大为减弱，我们不能简单地以短期内的“爆发性”发展来断定中口径机枪的未来。无论是传统的 7.62mm 口径全威力枪弹中口径机枪，还是创新性的 0.338in（8.6mm）中口径机枪，它们的实战价值和生命力都需要更长的时间来检验。

新型中间威力枪弹

小口径枪弹的核心特点是“轻弹头、高初速”。然而，弹头轻的负面效应也很明显，即抗风偏能力弱、存速能力差（远距离弹速低），因此小口径枪弹的远距离杀伤效果普遍不理想。

阿富汗战争的特殊作战环境及作战方式，无疑再次引发了人们对小口径枪弹的质疑。除借势焕发“第二春”的中口径机枪外，中间威力枪弹也再次进入我们的视野。针对美军的现实需求，众多美国枪械生产商相继推出了 6.5mm、6.8mm 口径等多种新型中间威力枪弹。这些新型中间威力枪弹大多拥有卓越的外弹道性能，在中远距离上比传统中间威力枪弹（例如 7.62×39mm 口径 M43 弹）和 5.56mm 小口径枪弹有一定优势。

其中，亚历山大公司推出的 6.5mm 口径格伦德尔弹被认为最有发展价值。在亚历山大公司为美军定制的改装方案中，现役的 M16/M4 系列步枪只需更换上机匣组件即可使用 6.5mm 口径格伦德尔弹，而且仍然能使用现有的 4179 弹匣，综合换装成本低廉，极具诱惑力。

▲ 装入 4179 弹匣的 6.5mm 口径格伦德尔弹（下）与 5.56mm 口径 NATO 弹（上）。4179 是 M16 的标配弹匣，也是北约通用弹匣，能与 4179 弹匣兼容无疑是 6.5mm 口径格伦德尔弹的一大亮点

然而，这项看起来很美的换装计划，直到现在也没能真正实施。与中口径机枪相似，中间威力枪弹在阿富汗战争结束后也面临着市场萎缩、后继乏力的窘境。

由于任务需求和市场规模上的差异，中口径机枪也许还有一定的生存空间，而中间威力枪弹已经很难重返巅峰，恐怕只能以技术储备的形式来延续生命了。

▲ 2019 年 SIG 公司推出的新机枪，发射 6.8×51mm 枪弹。不同于此前的初速 780m/s 左右的 6.8mm SPC 弹（6.8×43mm），6.8×51mm 枪弹初速达到了 920m/s 左右，更像是中口径全威力枪弹，而不是中口径中间威力枪弹

本书以人性化语言描述了自采用无烟火药以来一百多年的典型枪械兴盛历史，事件背景清楚，逻辑流畅，简明扼要，活泼生动，是国内广大读者们难得的接受国防教育，探讨兵器奥秘的“有滋有味”的读物。

原中国人民解放军总参谋部轻武器论证研究所副所长、高级工程师——马式曾

枪械爱好者有历史、技术两个流派。历史流派热衷于研究枪械发展史，技术流派则醉心于研究枪械原理和结构。本书作者王洋是自动武器专业的在读博士研究生，曾与我一道从事枪械研发工作，是典型的技术流派。难能可贵的是，王洋在本书中能以技术流派的眼光，去审视历史流派的问题，有了一些“技术历史观”的味道。基于“技术历史观”去看历史，枪械百余年来的发展脉络顿时清晰起来。

重庆建设工业（集团）有限责任公司技术中心机枪室主任、高级工程师——李东昊

在这个快餐文化盛行，不少军事自媒体每天信口开河、生编乱造，甚至有些军事出版物也拼凑、抄袭的年代，能有人静下心来，考证、分析、汇总出近 / 现代枪械的典型代表，写出一本这样认真、详实、通俗易懂的书，是很不容易的。我觉得这是近年来极为难得的一本枪械科普书，比起那些流水账式的“图鉴”，这本书能帮助你由宏观至微观，更深入地了解近 / 现代枪械的发展历程。

“枪炮世界”网站创办者、中国广大枪械爱好者的“精神导师”——D boy 张雨翔